現代化学への招待

廣田　襄・梶本興亜＝編集

朝倉書店

執筆者一覧

（執筆順）

京都大学大学院理学研究科化学専攻	梶　本　興　亜
京都大学大学院理学研究科化学専攻	加　藤　重　樹
京都大学大学院理学研究科化学専攻	大　島　康　裕
京都大学大学院理学研究科化学専攻	竹　腰　清乃理
京都大学大学院理学研究科化学専攻	有　賀　哲　也
京都大学名誉教授	小　菅　皓　二
京都大学大学院理学研究科化学専攻	斉　藤　軍　治
京都大学大学院理学研究科化学専攻	大須賀　篤　弘
京都大学大学院理学研究科化学専攻	林　　　民　生
京都大学大学院理学研究科化学専攻	三　木　邦　夫
京都大学ウイルス研究所	伊　藤　維　昭
京都大学名誉教授	松　井　正　和
京都大学名誉教授	廣　田　　　襄

序

科学の分野では，毎日のように新しい知識や技術が生まれており，これらを習得することは容易ではない．化学はその中でも特にカバーする領域の広い学問である．化学を学んだり，あるいは，将来化学分野で仕事をしたいと考えている人々にとって，この広い分野での膨大な知識の集積が見通しを悪くし，進むべき道が見えなかったり，進もうとする意欲を削いだりしているように思われる．しかし，基礎的な考え方を知っていれば，種々の知識の位置づけと相対的価値の判断ができるようになり，化学の面白さもわかってくる．

本書は，化学の分野に分け入る際の有用な地図であり道標になることを願って，各分野の先端で活躍している研究者が執筆したものである．理論化学・物理化学・無機化学・有機化学・生物化学などの分野での，最先端の発展の様子と，それらを理解するための基礎概念を，できるだけやさしく書き上げた．京都大学理学研究科化学教室が新入生のために開いてきた「現代化学入門」という講義が本書の基礎になっている．講義を担当された先生方の経験を生かして，できるだけわかりやすい言葉で「基礎と先端」を語るようにしていただいた．やや難しい用語に関しては別に解説のコラムをもうけている．もちろん，先端のすべてを網羅しているわけではないが，本書に記載された基礎的な考え方を理解することによって，他の先端分野が容易に理解できるようになる．本書は，新入生が化学に進むかどうかを考える際にも，また，2～3年生の学生諸君が今後の研究分野を絞り込んでいく際にも大いに役立つであろう．さらにまた，他分野の科学者が，化学の先端と基礎を概観したいという場合にも大層有用であると自負している．

本書の構成については第1章に化学の各分野と章立てとの対応を記載してある．化学を理論化学・物理化学・有機化学・無機化学・生物化学などに分けているが，実際にはその境界はぼやけている．たとえば，生物化学をやるにも理論化学の知識を必要とするのが実状である．したがって，関心ある分野を探してまず読み，次いで他の章も併せ読むことによって，化学全体の中での位置づけと，他分野との相関を知ることができるであろう．

本書は，廣田と梶本が編集したが，13 名の先生方の合作である．合作の常として，原稿の収集や校正などに大変な手間がかかるが，この点で朝倉書店には随分とお世話になった．心からお礼を申し上げたい．

2001 年 8 月

廣田　襄
梶本興亜

目　　次

1
化学という分野

1.1 化学という分野

本書は，これから化学分野に進もうと考えている学生の人たち，あるいは現代化学の学問研究動向を概観したいと思っている方々のために，化学研究の現状をやさしく紹介したものである．京都大学理学研究科化学教室では，数年にわたって，新入生のために「現代化学入門」という講義を開いてきた．化学教室には，理論化学・物理化学・無機化学・有機化学・生物化学を軸とする多数の研究室があり，これらの研究室が行っている最先端の研究と，その分野の概観をわかりやすく解説することがこの授業の趣旨であった．この講義の経験をもとに，各教官が構想を練って執筆したものが本書である．

化学は，種々の学問分野の中で抜きん出て広い範囲をカバーしている．それは，化学がそもそも「物質の科学」であることに由来する．数学以外の理学におけるどのような研究対象も，物質と結び付いており，仮に，物質の一般的性質が問題であるときでも，物質を対象とする限り，化学の手を借りないわけにはいかない．たとえば，DNA が化学物質であるというだけでなく，DNA 配列を決める方法そのものも化学を基礎としている．われわれが現実の社会で生きていこうとする限り，物質のお世話にならずに済まされないように，ほぼすべての自然科学の中に化学は根を下ろしている．言い換えれば，自然科学のどのような分野でも化学の知識が必要となっているわけである．

20 世紀においてつくり出された新物質の数は，自然が長い間かけてつくり出した種の数にも匹敵するほどである．19 世紀にはみられなかったものが今われわれの身のまわりに満ちている．紙や材木や金属は昔のままのようにみえるが，実はこれらの性質を改良するためにいろいろな化学物質が内部や表面に使われている．こうした新物質は人々の生活に快適さのみでなく，弊害をも与えてきたことが20世紀を通じて明らかになり，21世紀にはより安全で便利なものを工夫する方向が模索されるであろう．化学では，環境問題など負の面がよく強調されがちであるが，医薬の開発，強くて耐久性のある素材の開発など，人々の生活を大きく改善してきた事実は大きい．要するに，化学者と技術者，そして開発計画を立てる人々の見識が21世紀には問われることとなろう．化学者の果たす役割の重要性は大きい．

1.2　化学の広がりと本書の構成

図1.1は，現在，化学と考えられている領域をおおまかに分けて示したものである．

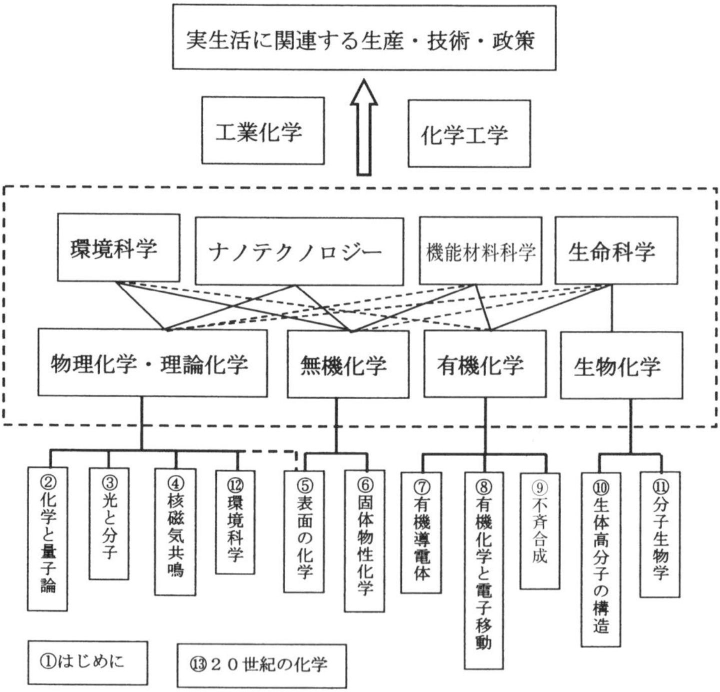

図 1.1　化学の分野と，対応する本書の章立て
①などの数字は章番号を示す．

物理と境を接する「物理化学・理論化学」の領域は，化学現象の根本を明らかにすることを目指す分野であるが，加えて，化学研究のためのさまざまな手法を生み出してきた．分子と電磁波の相互作用を応用して，分子の性質を明らかにするとともに，微量の分子種を定量する手段をつくり出した．たとえば，NMR，ESR，レーザーなどの応用的技術が現在も活発に開発されている．このような分析手段と，光を用いる化学反応の研究は環境科学，特に大気化学を，物理化学の応用分野として確立した．また，理論的に分子の性質や反応を予測する量子化学の分野は，計算機の発展とともに爆発的に進歩しており，化学の多くの分野で実験を凌駕する成果をあげ始めている．本書では，2〜4 章と 12 章が物理化学とその応用分野に当たる．

新しい分子を生み出したり，分子を巧みに組み合わせてこれまでにない有用な性質をもった物質をつくり出すことが，化学者の大きな喜びの一つである．応用的には，「機能材料科学」と呼ばれる分野がこれに当たる．最近は一つ一つの分子をつかんで，積み木のように組み立てて機能をもたせる技術も発展しつつあり，「ナノテクノロジー」と呼ばれている．それらの基礎として，新しい有機分子をつくる「有機化学」，新機能をもった無機・有機物質をつくる「無機・有機物性化学」，固体の表面の様子をミクロにみて，ナノテクノロジーの基礎をつくる「表面化学」などがある．特に有機化学は，日本では研究者の数も多く，光学活性体を選別して合成する不斉合成では，世界をリードする数々の成果を生み出している．5〜9 章がこの分野に当たる．

現在急速に発達している分野の一つは「生命科学」である．生命の不思議を分子の世界に基礎を置いて解明し，新しい医療や農業生産などに役立てようとしている．生物学が生命の仕組みに力点を置くのに対し，生物化学は「分子と生命現象とのかかわり」に注目する．タンパク質の三次元構造を解明し，タンパク質の形と機能の関係を明らかにしたり，さらに基礎にある DNA 配列とタンパク質の機能の関係を調べることが行われている．これらの分野は「生物構造化学」，「分子生物学」と称され，本書では 10，11 章がこれに当たる．

化学の道に進もうと考える人々にとっては，化学分野が今後どのように発展していくかという点に関心があろう．現在の化学の分野については上述したが，このような分野の境界がいつまで続くかはわからない．物理学でも生物学でも，他分野との境界はますます曖昧になってきている．学際的といわれる領域に新しく魅力的な学問が次々と登場している．このような経緯については，最終章（13章）に詳しく述べられており，これまでの化学の発展と，将来への課題が示されている．

各章の記述は，執筆者の個性が出るように，自由に書いていただいた．基礎的なレベルからやさしく説明してある章と，かなり専門的な（学部3年生程度）知識を必要とする章がある．平板に統一するよりも，研究に携わる人の個性が出る方が読み物として面白いと思ったからである．また，分野ごとの授業の経験も生かされていると思われる．かなり専門的と思われる用語や，基本的な用語に関しては，編者がこれを解説することで補完した．

1.3 化学を学ぶ人たちに

(1) 知的好奇心

今，日本の研究・技術レベルの低下が深刻な問題であると考えられている．これには，歴史的風土の問題，教育の問題，生活レベルの問題など，いろいろの原因が考えられるが，国民全体の自然への好奇心が薄らいでいることも大きな原因である．生活のテンポが速くなり，立ち止まって自然を観察したり，「どうして？」と考える時間が奪われている．慌ただしく，与えられることばかりが多い生活の中で，人々の好奇心が枯渇している．研究者はいつも好奇心のアンテナを張って，新しい不思議を見出し，新たな分野をつくり上げていく．研究者がどのようなアンテナをもっているかが，研究の広さ，面白さを決めていくのではなかろうか．よい研究，技術が生まれるためには，好奇心を伸ばす環境と教育が必要である．

研究者の姿勢をみていると，好奇心型と問題解決型があるように思う．自然現象をみて「どうして，なぜ」と問う「知的好奇心」を原動力とするタイプと，解決すべきテーマがあるとき，知識と技術を総動員してこれを解決することに喜びを感じるタイプである．時代とともに，後者のタイプが優勢になっていると感じられる．科学と人々の生活との関係がこれほど緊密になった現在，どちらかが重要であるということはできない．しかしながら，このような問題解決型の研究においても，研究者の好奇心を突き動かすものがなければ，目標を達成することは難しいであろう．

(2)　基本的な知識の必要性

科学を学ぶ上でのもう一つの問題は，知識の量が膨大になり，今もなお増え続けていることである．一つの化学の分野を取り上げても，行われているすべての研究を知っていることは不可能に近い．これから化学を学ぼうとしている人たちにとっては，不幸なことに，日々獲得できる知識よりも，日々発表される知識の方が多く，いつまで経っても追いつけないという事態になる．しかし，その膨大な知識の中で，本当に基本的なものはそう多くはない．科学の基礎として残っていくものは少ないのが事実である．したがって，本当に大切な基礎を知っていれば，膨大な知識に惑わされずにそれらを理解し評価することができる．逆に，知識だけを表面的に覚えていたのでは，目をくらまされて，新しい仕事はできない．新しい領域をつくり上げていくためには，重要だと歴史的に認識されてきた基礎をしっかりマスターすることが大切である．これが理学の考え方であり，知識の氾濫の中で生き残っていく唯一の方法であろう．

境界領域には魅力的な分野が多いが，境界領域・学際領域に進んで新しい分野を開くためには，数学・物理・化学・生物学といった従来の体系的分野の基礎をしっかりと身につけることが大切であって，最初から境界領域で実力をつけることは難しい．たとえば，物理化学を含む境界領域に進出するためには，量子化学や統計熱力学といった基礎が身についていなければならない．新しく大きな発想は，化学現象の根本に戻って考えることで初めて提起することができる．

(3)　どこへ行くか

「今，どの分野が一番発展しそうですか」という問いを学生や企業の人から受けることが多い．研究者それぞれに答えは違うであろうし，問われた研究者は，彼が今かかわっている分野が一番面白いから日々研究を続けているのであろう．答えは決して絶対的なものではない．今もてはやされている研究は，盛りを過ぎたものだとよくいわれる．若い研究者は，全盛期の研究に進むよりは，芽が出始めた研究を選ぶか，自分で芽をつくることを考えるべきであろう．本書では，執筆者が周辺の研究の将来にも触れているので，読者は各々の研究分野の将来について，ある程度のイメージをもつことができる．

最初に述べたように，化学は物質の科学であり，その基礎をきっちりと学んでいれば，物質や分子を扱うどのような分野にも進出していくことができる．これから化学をやろうとする人は，上述したように化学の基礎的な力を培った上で，化学の中での境界（物理化学・有機化学・生物化学など）をこえて自由に飛行し，さらに化学・物理・生物学といった境界をものともしない新しい分野を切り開いてほしいものである．

コーヒーブレイク①

化学の最初の国際会議

今日では，科学のどの分野でも数多くの国際会議が開かれている．そこでは，世界の科学者たちが共通の興味と関心の問題に関して研究成果を発表し，討論を行い，交流を深める．化学の分野でこのような国際会議はいつ始まったのであろうか．最初の国際会議として知られているのは，1860 年にドイツのカールスルーエでケクレとヴュルツの呼びかけで行われた会議である．この会議にはドイツ，フランス，イギリス，イタリア，ロシアなどヨーロッパ諸国から 140 名の主だった化学者たちが参加した．会議の主な目的は，当時混乱を極めていた原子量，分子量，等量，化学式といった化学の基礎概念について意見を交換し，共通の理解を得ることであった．この会議ではこれらについて完全な意見の一致は得られなかったが，その後の化学の発展に大きな影響を与える講演がイタリアの化学者カニツァロによって行われた．彼は，この講演で 1811 年に提出されてから長く無視されてきたアヴォガドロの仮説を復活させ，原子と分子の区別を明確に定義して，多くの出席者に感銘を与えたと伝えられている．周期律表で有名なメンデレーフは，この会議が周期律の発見に至る第一歩であったと語ったが，正確な原子量に基づく元素の分類が周期律への道を開いたのである．

2
化学と量子論

「20 世紀は量子論の時代であった」といっても過言ではない．あと半月で 20 世紀を迎えるという 1900 年の末，プランク（Planck, 1858～1947）は，黒体放射のスペクトルを説明するため飛び飛びの値をもったエネルギーのかたまり，すなわち「エネルギー量子」の考え方を提案した．プランクの「エネルギー量子」仮説は，もともと，スペクトルの低い振動数の領域を表すレイリー－ジーンズ（Rayleigh－Jeans）の式と高い振動数の領域のヴィーン（Wien）の式をつなぐ内挿式として提案されたものであったが，そこに用いられていた 6.626×10^{-34} J s という小さな値（プランク定数 h）は，微視的世界の運動法則である量子力学を生み出す契機となった．アインシュタイン（Einstein, 1879～1955）は，物質に光を当てると電子が飛び出す現象である光電効果を説明するため，光は振動数 ν をもつ波であるとともにエネルギー $h\nu$ の大きさをもつ粒子であることを明らかにした．また，ボーア（Bohr, 1885～1962）は，水素原子についての模型を提案し，陽子のまわりを円運動する電子は連続的なエネルギーをもつのではなく，その角運動量が $h/2\pi$ の整数倍の場合にのみ許されるという量子化条件を導入し，水素原子のスペクトルを鮮やかに説明した．

プランク定数が意味をもつ微視的世界では，物質は粒子と波という 2 重の性質をもつ物質波として振る舞う．われわれが手で触れることができる巨視的な物質の運動はニュートン（Newton）の運動方程式により記述することができるが，物質波はどのような運動方程式によって表されるのであろうか．それを与えたのはシュレディンガー（Schrödinger, 1887～1961）であった．1926 年，シュレディンガーは，ド・ブロイ（de Broglie, 1892～1987）によって提案された物質波の運動を記述する波動方程式 $H\Psi=E\Psi$ を導き，水素原子の問題に適用して成功を収めた．この波動方程式は，その後，ディラック（Dirac, 1902～1984）による電子についての相対論的量子力学の確立など豊富な発展を経て，20 世紀における物理学の発展の中心的な役割を果たしてきた．それは，物質の根本的な存在様式を探る素粒子物理学や，星や宇宙の進化を探る宇宙物理学の研究に不可欠なものとなった．また，われわれの日常生活を支えるエレクトロニクスも量子力学の申し子であるということができる．

量子力学の成立は，原子や分子の世界における物質の性質や変化を取り扱う学問である化学にとっても決定的な役割を果たした．シュレディンガーが波動方程式を提案した翌年の 1927 年，ハイトラー（Heitler, 1904～1981）とロンドン（London, 1900～1954）は，水素分子の化学結合，すなわち共有結合のエネルギーを計算するために波動方程式を適用し，成功を収めるとともに，分子の問題を + の電荷をもつ陽子と − の電荷をもつ電子からなる力学モデルとして量子力学により明らかにすることができることを示した．ディラックは「物理学の大部分と化学のすべてについての基本的法則は完成した．残された問題は，複雑な方程式を過大な計算を行うことなく近似的に解くことにより現象を解明することである」とまで論じた．

化学現象を量子論に基づいて明らかにすることを目的とする理論化学は，ハイトラーとロンドンによる水素分子の研究から始まったということができる．その後，原子価結合と分子軌道理論が提案され，分子の電子構造についての理解が進み，分子の構造をはじめ，さまざまな性質が量子力学に基づく概念を用いて解明されてきた．原子価結合理論は水素分子についてのハイトラーとロンドンの理論を複雑な分子の化学結合を取り扱えるように拡張したものであるが，ポーリング（Pauling, 1901～1994）はこの理論に基づいて混成軌道，電気陰性度，共鳴など現代化学に不可欠な理論的概念を導入した．ポーリングによる化学結合の理論が，ワトソン（Watson, 1928～）とクリック（Crick, 1916～）による DNA の構造の発見に大きな影響を与えたことはよく知られている．一方，マリケン（Mulliken, 1896～1986）らは，分子の中を運動する電子の状態を表す分子軌道の考え方を発展させ，分子のスペクトルをはじめ分子のさまざまな性質を明らかにした．分子軌道理論は，さらに，化学研究の最も重要な課題である化学反応を理解したり予測するために用いられ，化学における 20 世紀最大の発見といわれるウッドワード-ホフマン（Woodward-Hoffmann）則と福井謙一（1918～1998）らによるフロンティア軌道理論の確立の土台となった．

1980年代に入り，理論化学は大きな飛躍の時代を迎えた．これまでの理論化学の研究では，分子の量子力学があまりにも複雑なため解くことができず，近似的な模型を用いて化学現象を定性的に説明することが中心であったが，コンピュータ技術の驚異的な進歩により，量子力学の第一原理からそれを取り扱うことが可能となってきた．現在開発されているコンピュータは，1秒間に10^{12}回の演算をすることができるといわれている．このコンピュータの進歩は，理論的な手法の発展と相まって，化学現象，さらには生命現象をつかさどる分子過程を，量子論に基づいて理解する可能性を大きく広げつつある．

2.1　分子の中の電子を解く

今，われわれにとって最も身近な分子の一つである水分子を考えてみよう．この分子はH_2Oと書かれるが，それは2個の水素原子と1個の酸素原子からできていることを表している．もう少し立ち入って眺めてみると，この分子は2.6×10^{-26} kgの質量と＋8の電荷をもつ酸素原子の原子核と質量1.7×10^{-27} kg，＋1の電荷をもつ水素原子核（陽子）が2個，および－1の電荷をもつ10個の電子からできている．電子の質量は9.1×10^{-31} kg，陽子の質量の約2,000分の1である．

量子力学によると，電子の運動はシュレディンガーの波動方程式

$$H_{\mathrm{el}}\Phi(\boldsymbol{r}\,;R_1, R_2, \theta)=E(R_1, R_2, \theta)\,\Phi(\boldsymbol{r}\,;R_1, R_2, \theta) \tag{2.1}$$

によって記述することができる．ここで，H_{el}はハミルトン（Hamilton）演算子と呼ばれ，電子の運動エネルギーと位置エネルギーに対応する演算子からなっている．Eは電子のエネルギーである．また，Φは波動関数と呼ばれ，これの2乗$|\Phi|^2$は電子の存在確率を表す．この関数がわかれば，水分子の中の電子の運動によって決められるあらゆる物理量を求めることができる．このように分子の中の電子の問題は，式(2.1)の波動方程式の問題としてとらえることができ，水分子のような簡単な分子もタンパク質のような複雑な分子についても同じことがいえる．

残念なことに，式(2.1)のような分子の中の電子についてのシュレディンガー

の波動方程式は，水素原子や水素分子イオン（H_2^+）のように1個だけの電子をもつものを除いて厳密に解くことはできない．分子の電子状態理論は，この厳密に解くことができない波動方程式からいかに分子の性質を引き出すかという問題に取り組んで発展してきた．先に述べた原子価結合や分子軌道の理論は，そのような目的のために考えられた理論的なモデルである．特に，分子の中の個々の電子がそれ以外の電子と原子核がつくる場の中で運動する様子を調べる分子軌道の考え方は，分子のさまざまな性質を考える上で非常に便利なだけでなく，分子の波動方程式を求める上での出発点となっている．図2.1に水分子の分子軌道関数を示したが，これらをみると，なぜ水分子が三角形の構造をもつのかを容易に説明することができる．また，分子軌道関数を用いて水分子の中の電子の分布を求めると，なぜ水分子が水素結合を形成するのかもわかる．

1980年代に入ってコンピュータが理論化学の研究に広く用いられるようになり，分子軌道理論に基づいて経験的なパラメータを用いずに分子の波動関数を求め，分子の構造や化学反応のエネルギーを調べることがさかんに行われるようになった．「第一原理」からという意味のラテン語を用いて，*ab initio* 分子軌道法と呼ばれる．実際に理論計算を行うと，分子の構造については化学結合の距離に対して $2〜3\times10^{-12}$ m，角度は $1〜2°$ 以内の精度で求めることができ，実験では調べることが困難な不安定な反応中間体などの構造を予測したり，実験によって測定される分子のスペクトルの説明などに威力を発揮した．現在では，電子の間にはたらく複雑な相互作用や相対論的な効果を取り扱う理論的な方法が発達し，数値計算を行うコンピュータの高速化，大容量化も相まって，分子が原子から生成されるときのエネルギーを1 kcal/molという精度で求めることが可能となってきている．これはまさに精密な実験にも対応する精度といえる．図2.2にアルギニン残基のついたペプチド分子の構造を示したが，これはコンピュータを用いて分子軌道計算を行い，最も安定な構造を求めたものである．

化学の研究の最も重要な目的は，化学反応の機構を明らかにすることにある．そのためには，① 化学反応がどのような経路で進み，どのような化合物が生成されるのかということと，② 化学反応がどのような速さで進むのかということを知らなければならない．分子の電子状態とそのエネルギーがわかれば，① の問題を解決することができる．反応する分子の分子軌道の対称性などの性質を調べれば，ウッドワード-ホフマン則やフロンティア軌道理論を用いて，どのよう

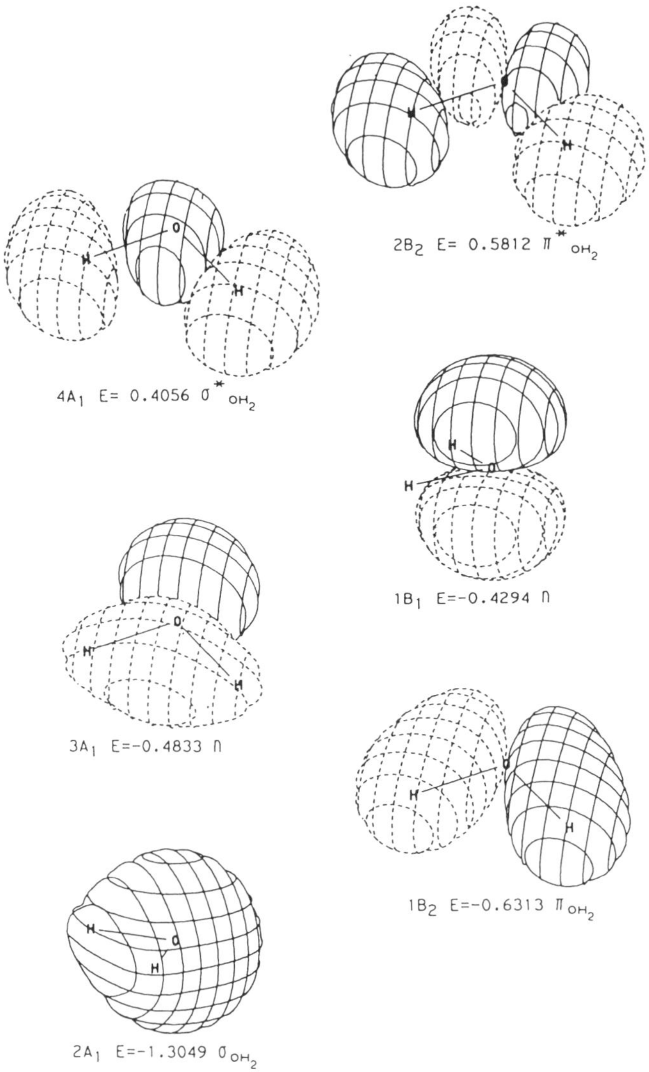

図 2.1　水分子の分子軌道関数

な反応の生成物ができやすいのかを予想することができる．さらに，反応中間体や反応の遷移状態の構造やエネルギーを知ることができれば，反応の経路についてより詳細な情報を得ることができる．現在では，電子状態理論と計算手法の発展により，関心が後者の方に移っており，さまざまな有機化学反応や遷移金属原子を含む触媒反応のサイクルを，実験ではとらえることができない反応中間体や

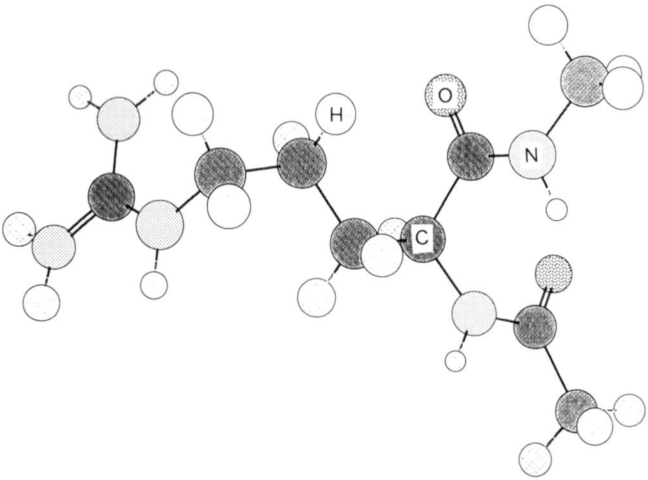

図 2.2　理論計算により求めたアルギニン残基のついたペプチド分子の構造

遷移状態も含めて理論計算により知ることができるようになっている．実際に存在する触媒反応だけではなく，全く理論的な情報のみでつくり上げられた触媒反応サイクルを企画することも夢ではなくなる時代がすぐそこまできている．また，100 個以上の原子からできている分子の構造やエネルギーについての理論計算が可能となってきている．今後，酵素反応など生体内の化学反応の解明にも分子の電子状態の理論計算は重要な役割を果たすと考えられる．

2.2　化学反応のダイナミックスを解く

分子は，他の分子と衝突したり光を吸収して活性化され，化学結合を組み替えることによってその姿を変える．この化学反応の過程がどのような速さで進むのかを調べるのが反応ダイナミックスの研究である．

式(2.1)をみてみよう．電子の運動によって決まるエネルギーは，水分子の場合，二つの OH 結合距離 R_1, R_2 と HOH 結合角 θ の関数になっている．図 2.3 に，$\theta=104^\circ$ のときの電子のエネルギーを R_1 と R_2 の関数として書いたものを示したが，これはポテンシャルエネルギー面またはポテンシャルエネルギー関数と呼ばれる．図の左下にあるくぼみは，このポテンシャルエネルギー面の上で最も安定な点，すなわちエネルギーが低い点に対応し，分子の安定な構造を表している．水分子が三角形をしているのは，この構造がポテンシャルエネルギー面上の

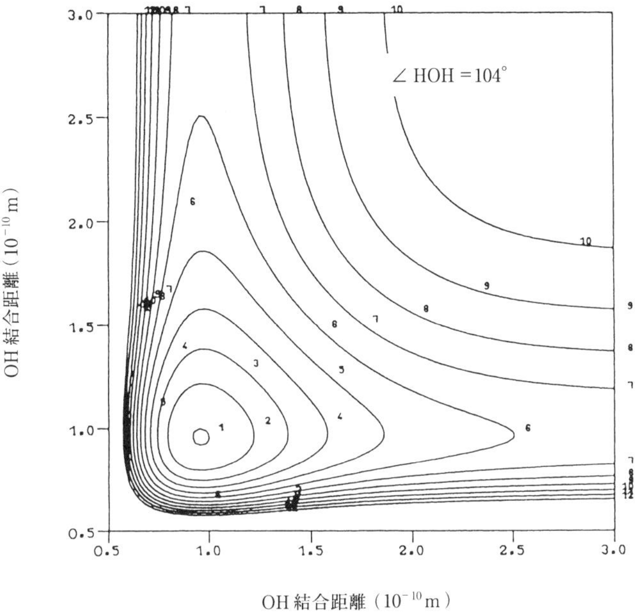

図 2.3　水分子のポテンシャルエネルギー曲面

最安定点になっているからである．図の左上や右下は片一方の OH 結合が長く伸びた構造のエネルギーを表し，水分子が水酸基ラジカル（OH）と水素原子（H）に解離した状態に対応している．

ポテンシャルエネルギー関数は，水分子の場合，2 個の結合距離と 1 個の結合角の合計 3 個の変数の関数であったが，一般に N 個の原子からなる系に対しては $3N-6$ 個の変数の関数である．したがって，図 2.2 のペプチド分子の場合，原子の数が 36 個あり，ポテンシャルエネルギー面は $36\times3-6=102$ 個の変数をもつ関数となり，図 2.2 に示された構造はその関数の最もエネルギーが安定な点に対応している．

図 2.3 のような関数がポテンシャルエネルギー面と呼ばれるのは，これが原子核の運動に対するポテンシャルエネルギーと考えることができるからである．分子の中の原子核は静止しているのではなく常に運動しており，これは振動や回転運動としてとらえることができる．この分子の運動を調べるためには，原子核の運動を表すシュレディンガー方程式を考えればよい．このシュレディンガー方程式のハミルトン演算子は，原子核の運動エネルギーを表す項とポテンシャルエネ

ルギー関数からできており，これを解くことにより分子の振動や回転運動のエネルギー準位を知ることができる．最近，原子核の運動についてのシュレディンガー方程式を解く理論的方法が発達し，一つの分子の数千にも及ぶ振動，回転運動のエネルギー準位を理論的に求めることが可能となってきた．分子の運動エネルギーが小さい領域では，振動運動は赤外やラマンスペクトルで観察される基準振動に近い振る舞いをするが，化学反応が問題となる高いエネルギー領域ではカオス的な運動が出現することが明らかにされている．今後，このような研究が進めば，これまで十分にわかっていなかった激しく振動する分子の運動の様子を知ることができ，化学反応のダイナミックスについてのリアルな描像が得られるようになる．

ここで，フォルミルフロライド（HFCO）がフッ化水素（HF）と一酸化炭素（CO）に分解する反応を例にとって化学反応の様子を調べてみよう．図 2.4（a）に，反応が進むにつれて分子の構造がどのように変化するかを示したが，HFCO 分子の炭素原子と水素，フッ素原子の間の化学結合が消滅し，新たに水素とフッ素原子の間に結合が生成され，最終的には HF と CO の二つの分子になることがわかる．また，(b) には，この化学反応において分子が形を変えていくにつれて，ポテンシャルエネルギーがどのように変化するのかを示した．この反応の場合，ポテンシャルエネルギーは 6 個の変数の関数であるが，図の曲線は反応経路に沿ったポテンシャルエネルギー関数の断面であり，ポテンシャルエネルギーの曲線と呼ばれる．曲線の左側の安定点は HFCO の安定構造に対応し，右側は反応の生成物である HF＋CO に対応している．図から明らかなように反応物と生成物の間にポテンシャルエネルギーの山があり，その頂上は遷移状態と呼ばれ，反応物と生成物へ至る反応経路の分水嶺となる．反応が起こるためには反応物である HFCO 分子が熱や光により活性化され，遷移状態より高いエネルギーをもち，ポテンシャルエネルギーの山をこえる必要がある．このようなポテンシャルエネルギー関数は，反応する HFCO 分子の電子状態を理論的に計算することにより初めて得ることができる．電子についてのシュレディンガーの波動方程式を解く電子状態理論が化学反応の機構を理解する上で重要な役割を果たしていることがわかる．

化学反応は，ポテンシャルエネルギー面上での原子核の運動としてとらえることができる．HFCO の解離反応を例にとると，最初に HFCO に対応するポテ

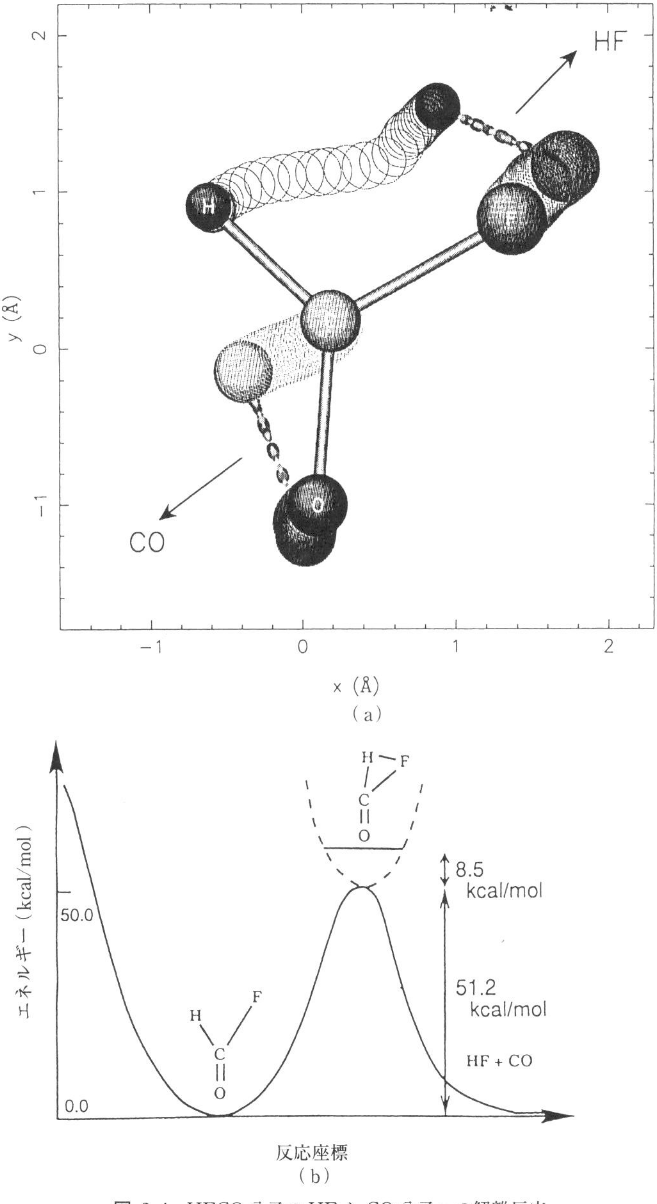

図 2.4　HFCO 分子の HF と CO 分子への解離反応
(a) 反応に伴う分子の構造の変化，(b) ポテンシャルエネルギーの変化.

ンシャルエネルギー面上の領域にあった分子が，時間の経過とともにポテンシャルの山をこえ，反応生成物に変化していく過程としてみることができる．このような時間に依存するダイナミックな過程は，量子力学の時間に依存するシュレディンガー方程式

$$ih/2\pi\partial\Psi/\partial t = H\Psi \tag{2.2}$$

を用いて記述することができ，波動関数 Ψ が時間とともにどのように変化するのかを調べることにより，反応の速度をはじめ反応のダイナミックスについてのさまざまな情報を得ることができる．

今，HFCO 分子の水素原子の運動に注目しよう．HFCO 分子は，四つの原子が同一平面に乗った平面状分子であり，水素原子は平面内で振動するとともに平面の上下にも振動している．ここでは，平面内で CH 結合が伸びたり縮んだりする CH 伸縮振動と面の上下に振動する CH 面外変角振動を取り上げよう．時間 $t=0$ で分子の運動エネルギーがこれらの振動運動に集中している状態を考え，その後，このエネルギーが分子の中へ流れていき，最後には遷移状態をこえて HF と CO 分子に分解すると考える．これは，原子がバネで結び付けられて分子ができており，その一つのバネを引っ張って手を離すと伸びたバネに蓄えられたエネルギーが他のバネに移っていく様子を考えればよくわかる．実際，レーザーを用いて，特定の振動運動が高いエネルギーをもった分子をつくり出すことができ，HFCO 分子についてもそのような実験が行われている．図 2.5 に量子力学計算により，CH の伸縮振動と面外変角振動が高いエネルギー状態に励起された量子状態をつくり，その状態を初期状態として式(2.2)の時間に依存するシュレディンガー方程式を解くことにより求めた反応速度定数を示した．たとえば，CH 面外変角振動が 18 番目の量子準位に励起された状態（6_{18}）では反応速度は 1 秒間に 10^9 となっているが，これはこの量子状態から反応が起こるためには 10^{-9} 秒かかることを意味している．図から明らかなように，初期状態のエネルギーが大きいほど反応速度が大きくなっていることがわかる．図に矢印で遷移状態のエネルギーが示されているが，それよりもエネルギーが低いところでも反応が起こっている．これは，トンネル効果によるもので，量子力学を用いて初めて説明することができる．また，最初に CH 伸縮振動にエネルギーが蓄えられた状態の方が面外変角振動にエネルギーが蓄えられた状態より速く反応が進むこと

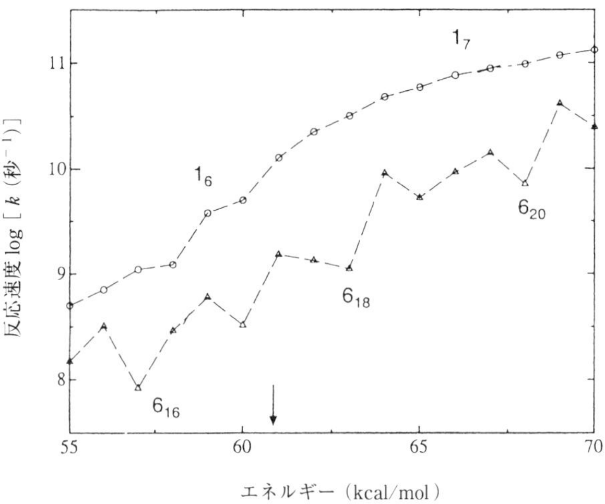

図 2.5 量子力学計算により求めた HFCO 分子の解離反応の速度定数

がわかる．それは，最初に蓄えられたエネルギーが分子の中を流れていく速度が振動運動の種類により異なり，それが反応速度の違いとなって現れることによる．

化学反応の過程を，量子力学を用いて第一原理から再現することは，理論化学者の長年の夢であった．現在では，比較的少数の原子からなる分子の化学反応は，そのダイナミックスも含めて理論計算により取り扱うことが可能となってきている．今，化学反応の量子ダイナミックスの研究は，新たな課題に挑戦しようとしている．それは，化学反応の量子制御である．化学反応は，先述の例でもわかるように，初期状態が与えられれば，後はシュレディンガーの方程式に従って進行する．しかし，分子を光の場などの中に入れれば，場との相互作用により量子状態が変化し，反応のダイナミックスも影響を受ける．したがって，分子と相互作用する場をうまく制御することにより，反応を制御し，反応速度を速めたり，遅くしたり，さらには，反応生成物を変えたりすることができるはずである．現在では，まだ成功しているとはいえないが，将来，それが可能となる時代が到来すると予想できる．そのためには，化学反応の量子ダイナミックスの研究がさらに発展し，化学反応に伴うエネルギー移動などの様子が量子論により明らかにされることが必要であろう．

2.3 分子の集まりを解く

われわれの身のまわりの分子は，ガスの状態で漂っているだけではない．水分子は，常温では液体の状態にあり，18 g つまり 18 cm^3 の水の中に 6×10^{23} 個の水分子があり，それらは水素結合を介して相互作用している．また，新しい化合物を合成するときは，ほとんどの試薬を溶媒に溶かせて反応させる．このように，化学の現象の多くが液体の中や固体の表面で起こるため，これら凝縮系での分子の振る舞いを調べることは理論化学の大きな課題の一つになっている．

水が常温で液体状態をとるのは，液体では水分子の間に分子を結び付ける力がはたらき，分子がバラバラに存在している気体の状態よりもエネルギーが安定だからである．したがって，液体の性質を調べるためには，分子の間にはたらく力，すなわち分子間力を知ることが必要となる．分子間力は，相互作用している分子の中の電子の分布や他の分子が近づいてきたときに起こる電子分布の変化によって生み出されるが，それは電子のシュレディンガー方程式を解くことによって知ることができる．このように分子の集合体の研究においても，分子の電子状態の研究がその基盤となっている．

水が温度とともに，固体（氷），液体（水），気体（水蒸気）と状態を変えることはよく知られている．このような状態の変化をはじめとする物質の巨視的性質は，少数の分子の性質を調べるだけではわからず，多数の分子の相互作用を考えることが必要となる．実際には，6×10^{23} 個という事実上無限個の分子の運動を取り扱うことができないため，一つの箱の中に数百～数千個の分子を入れ，同じ箱が三次元方向に無限に連なっているとして無限個の分子の問題を数百～数千個の分子の問題として簡略化して取り扱う．たとえば，256 個の水分子を入れるには，1 辺の長さが約 2×10^{-11} m の立方体の箱を考えればよい．このようなモデルを用いて液体の性質を個々の分子の運動や分子間にはたらく力に基づいて明らかにするためには，箱の中の数百，数千の分子の運動方程式を解き，さまざまな物理量の時間についての平均を求めればよい．このような方法は，分子動力学法と呼ばれ，液体の内部エネルギーやエンタルピー，エントロピーなどの熱力学的な物理量や誘電率などを求めるために用いられる．また，分子動力学法による計算の結果を調べると，水の中では，いくつかの水分子が水素結合によりクラスターと呼ばれる分子のかたまりをつくっているが，水素結合の組み替えが 10^{-13} 秒という短い時間の間に起こり，クラスターの生成・消滅が繰り返されていることがわかる．このようにコップの中の水も，分子のレベルで眺めると非常に激しい運動をしており，この運動が水のさまざまな性質を決めている．分子動力学計算は，液体の性質を調べるだけではなく，タンパク質の構造の変化などを調べるためにも重要な役割を果たしている．

現在，分子動力学計算を行う際，分子の運動は古典力学，すなわちニュートンの運動方程式に基づいて取り扱われることが多い．これは，数百，数千といった分子の運動をシュレディンガー方程式により計算することが現状ではきわめて困難だからである．もちろん，陽子の質量は電子の質量に比べて 2,000 倍も重いため，原子核の運動を古典力学で取り扱っても多くの現象を説明することができる．しかし，液体内の分子の運動をより正確に知るためには，量子力学による取り扱いが必要となってくる．現在，多くの理論化学研究者が，量子論に基づく分子動力学法を可能とする理論的方法の開発に挑戦しており，理論化学研究の最もホットなテーマの一つとなっている．

化学反応の機構を知ろうとするとき，反応する試薬を溶かす溶媒の役割は重要である．実際，有機化学の教科書に載っている化学反応の大部分は，溶媒の中，すなわち溶液状態で起こっている．化学反応を考えるとき，反応する分子の構造の変化を表す変数の関数であるポテンシャルエネルギー面が重要な役割を果たすことを先に述べた．溶液内での反応の場合，反応する分子とともに溶媒分子を考える必要があり，溶媒分子の数は反応分子の数に比べて非常に多いため，ポテンシャルエネルギー面は反応分子と溶媒分子の原子核の位置の関数となり，非常に多くの変数の関数となる．したがって，溶液内の反応を考える場合，溶媒分子は，反応する分子にはたらく場，すなわち反応場として取り扱うことが便利である．このような考え方に基づいて，溶媒分子を統計力学によって取り扱うと，ポテンシャルエネルギー面の代わりに反応の自由エネルギー面を定義することができる．図 2.6 に水の中でアンモニアと塩化メチルが反応するメンシュトキン (Menschutkin) 反応

$$NH_3 + CH_3Cl \longrightarrow NH_3CH_3^+ + Cl^-$$

の自由エネルギー曲線を示した．この曲線では，図 2.4 の気相における反応のポテンシャルエネルギー曲線の縦軸が分子の電子エネルギーになっているのに対し

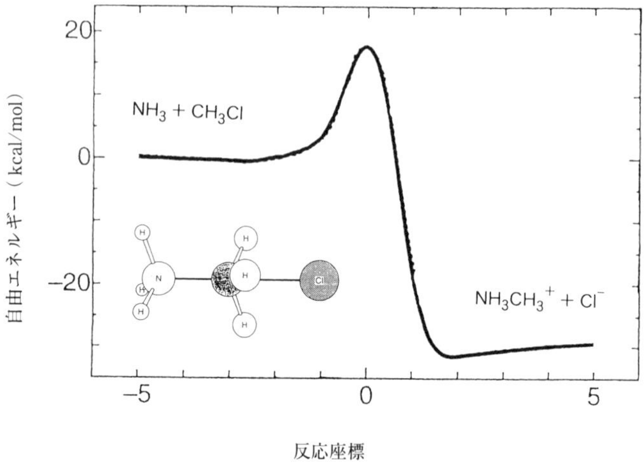

図 2.6 水中でのアンモニアと塩化メチル分子のメンシュトキン反応の自由エネルギー曲線

て，膨大な数の溶媒である水分子の分布によって決められる自由エネルギーがとられている．反応は，気体の状態では反応の生成物である $NH_3CH_3^+$ と Cl^- のエネルギーが高く起こらないが，水中では生成物が水分子に取り囲まれることにより，安定化されるために容易に起こる．このような反応の自由エネルギー面がわかれば，溶媒分子の熱運動を統計力学により取り扱うことによって，反応速度を求めることができる．

反応の自由エネルギー面の考え方は，溶媒中での反応だけではなく，生体内での反応を考える上でも重要となる．マーカス（Marcus, 1923～）は，二つの分子の間で電子が移動する反応についての自由エネルギー面の考えを提案したが，この理論により有機・無機化学における電子移動反応が説明されている．また，光合成の初期過程など生体内では電子移動反応が重要な役割を果たし，それらの機構を論じる上での最も基本的な指針となっている．反応の自由エネルギー面は，これまでは反応する分子を取り囲む溶媒分子の取り扱いが難しく，非常に簡単化された理論的モデルを用いて計算されてきたが，最近，電子状態理論と統計力学理論を組み合わせた新しい理論的方法が提案され，多くの反応についての理論計算が行われるようになってきた．今後，複雑な溶液内でのさまざまな反応の機構と動力学が明らかにされることになると思われる．特に，生体内で起こる酵素反応を電子・原子・分子のレベルで量子論に基づいて解明することは理論化学者の見果てぬ夢の一つであり，今後，その方向に向けて大きく前進することは間違いないであろう．

化学は多様性の学問であるといわれる．その起源を錬金術にもち，長い歴史を通じて，われわれのまわりの物質世界の性質を明らかにしてきた．この歴史の中で蓄積されてきた知識は膨大な数に上り，現在においても化学研究のあらゆる分野で新しい物質がつくられ，これまで知られていなかった現象が見つけ出されている．しかし，この多様性に富んだ化学の世界も，根本をみれば＋の電荷をもつ原子核と－の電荷をもつ電子からなる系の運動の所産であり，その微視的な世界の運動法則である量子力学によって支配されていることは明らかである．

理論化学は，化学の諸分野の中で最も新しい分野の一つであり，70 年あまりの歴史しかもっていない．しかし，この間に多くの化学現象，特に分子の性質を量子力学に基づいて明らかにし，現代化学の基礎的な概念を確立してきた．大学で学ぶ教科書にある化学結合についての説明などは，化学結合をつかさどる電子の運動を調べることによって初めて可能になったものである．このように，理論化学の役割は，一見多様であり複雑な化学現象を理解するための指針となるモデルを構築することにあるといえよう．

分子の運動は，量子力学を用いて解いてしまうにはあまりにも複雑な対象である．理論化学の初期においては，分子の中あるいは分子の間にはたらく相互作用を簡単なモデルに置き換えることにより原子価結合，分子軌道などの概念をつくり出し，それに基づいて化学結合や分子の構造，化学反応などの問題を取り扱ってきた．したがって，初期の理論モデルから導かれる結果は，実際に起こっている化学現象を再現したり定量的な予測をしたりするよりも，定性的に現象を説明することに主眼が置かれてきた．しかし，この間のコンピュータの驚異的な発展は，化学研究全体の中での理論化学の役割を変えつつある．従来は，数式だけであり，実際に解くことができなかったものが，計算機を用いて解くことが可能となってきている．これは，分子の運動，化学現象を電子と原子核の運動という最も基本的な視点から理解することを可能とし，より複雑な現象を取り扱う上での足場を築くことを意味している．

これまでの自然科学は，自然をより深く調べ，現象の背後にある物質や法則を見つけることにより発展してきた．理論化学の研究の方向は，それとは逆のプロセス，すなわち基本的な法則をもとにして，化学現象という複雑な現象を組み立て，それを再現することにより，その中にある法則性を見つけるという上向きのプロセスを辿ることになると思われる．このことを可能とするのは，新しい理論的方法が生み出されることが当然の前提であるが，そのモデルを解くためのコンピュータの発展も不可欠である．現在，コンピュータは，その能力を10年間に1,000倍といったスピードで高めており，20年先には100万倍になるといわれている．理論化学の化学研究における役割はますます大きくなってくると考えられる．

用語解説

原子価結合法と共鳴

原子価結合法は分子の電子状態を近似的に取り扱う方法の一つで，分子内の化学結合と直接対応する方法として考えられた．この場合，分子全体に広がる軌道に電子を詰める分子軌道法と異なって，分子を構成する各原子に局在する軌道に電子を詰めて全体の波動関数をつくり上げる．電子の詰め方によって定まる状態を構造と呼ぶ．近似を高めるにはいくつかの異なった構造に対応する波動関数の一次結合をつくる．これを水素分子の場合について考えてみよう．

水素分子（H_2）の基底電子状態は，まず各々の水素原子の1s軌道に，電子がスピンを対にして一つずつ入って共有結合をつくる構造（$H_A:H_B$）に対応する次の波動関数で表される．

$$C\{\phi_A(1)\phi_B(2)+\phi_A(2)\phi_B(1)\}\{\alpha(1)\beta(2)-\beta(1)\alpha(2)\} \qquad (1)$$

ここで，ϕ_A，ϕ_B は水素原子AおよびBの1s軌道関数，α，β はスピン関数を表し，C は規格化定数である．これは，水素分子における共有結合を初めて量子力学に基づいて説明したハイトラー-ロンドンの理論における水素分子の波動関数に対応する．この波動関数は，ϕ_A，ϕ_B よりつくる分子軌道に二つの電子をスピンを対にして入れてつくる分子軌道法での波動関数，

$$C'\{\phi_A(1)+\phi_B(1)\}\{\phi_A(2)+\phi_B(2)\}\{\alpha(1)\beta(2)-\beta(1)\alpha(2)\} \qquad (2)$$

とは異なっている．

次に，二つの電子をどちらかの水素原子に詰めたイオン構造（$H_A^+H_B^-$ および $H_A^-H_B^+$）に対応する波動関数，

$$C''\{\phi_A(1)\phi_A(2)+\phi_B(1)\phi_B(2)\}\{\alpha(1)\beta(2)-\beta(1)\alpha(2)\} \qquad (3)$$

を加えると近似が高められる．分子軌道の波動関数（2）を展開すれば，これが（1）と（3）の両方を一定の比率で含んでいることがわかる．

このように二つ以上の構造の一次結合で状態を表すことを，構造間の共鳴を考慮するといい，各々の構造を共鳴構造と呼ぶ．ベンゼンの分子の場合には，次の五つの共鳴構造がよく用いられる．

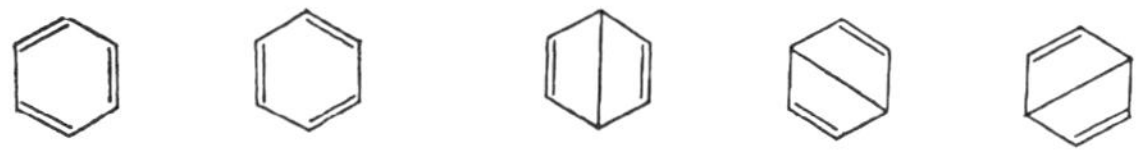

(a)　(b)　(c)　(d)　(e)

ここで，(a)，(b) はケクレ構造，(c)，(d)，(e) はデュワー構造と呼ばれる．

原子価結合法は，古典的な化学結合や構造式によく対応するので，詳しい計算を行わずに，共鳴の概念のみを用いて定性的に分子の構造や安定性を議論することがしばしば行われている．

フロンティア軌道とウッドワード-ホフマン則

分子内の電子によって占有された分子軌道のうちで最高のエネルギーのものを最高被占軌道（HOMO : highest occupied molecular orbital），電子により占有されていない軌道のうちで最低のエネルギーのものを最低空軌道（LUMO : lowest unoccupied molecular orbital）という．HOMO と LUMO を合わせてフロンティア軌道と呼ぶ．これを，ナフタレンを例にとって説明しよう．

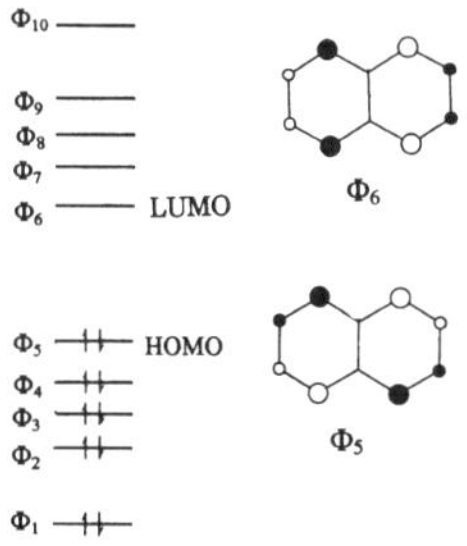

図 1　丸の直径は分子軌道に寄与する原子軌道の係数の大きさを表す．○は正，●は負を表す．

ヒュッケル法による分子軌道では，ナフタレンの π 電子の分子軌道は 10 個の炭素原子の 2p 軌道の一次結合で表される（Φ_1 ～ Φ_{10}）．10 の π 電子の分子軌道のエネルギーは図 1 のようになり，10 個の π 電子をエネルギーの低いものから順に詰めていくと，下の五つの軌道は被占軌道で，上の五つが空軌道となる．下から 5 番目の軌道 Φ_5 および 6 番目の軌道 Φ_6 が，それぞれ HOMO および LUMO である．

福井らはナフタレンやアントラセンのような芳香族炭化水素への置換反応が，フロンティア軌道を構成する原子軌道の寄与を示す係数で決まることを 1952 年に提唱し，さらに化学反応の方向性がフロンティア軌道の対称性や位相も含めた性質によって決まるとするフロンティア軌道理論を発展させた．

1965年にウッドワードとホフマンは共役二重結合が関与する開環，環化反応における立体選択性を軌道の対称性の保存という一般原理から説明し，ウッドワード-ホフマン則と呼ばれる法則を提唱した．たとえば，図2に示すブタジエンの環化，シクロブテンの開環反応では，熱反応と光反応で立体選択性が異なる．これは反応物と生成物であるブタジエンとシクロブテンの反応に関与する分子軌道の対称性と反応における軌道の対称性の保存を考慮して説明される．

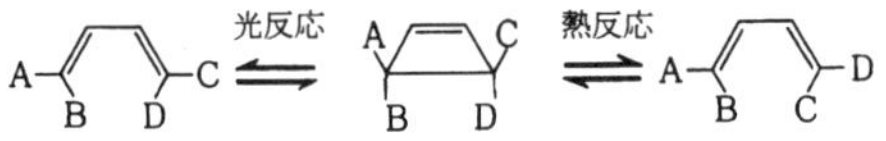

図 2

コーヒーブレイク②

アヴォガドロの仮説と共有結合

「同温，同圧のもとですべての気体は同体積の中に同数の分子を含む」というアヴォガドロの仮説は，近代化学の発展に大きな寄与をした重要な仮説である．しかし，この仮説が一般に受け入れられるまでには，実に長い年月を要した．1811年にアヴォガドロはこの仮説を発表したが，およそ50年後にカニツァロがこれを復活させるまでほとんど無視され続けた．なぜであろうか．その最大の理由は，水素，酸素，窒素といった通常の単体の気体分子が2原子分子であるとする仮定が，当時の化学者には受け入れ難いことであったからである．19世紀の前半には化学結合は異なった原子間の電気的な引力によるとするベルセリウスの説（電気化学的二元論）が支配的であった．したがって，同種の原子間の結合，すなわち共有結合の存在は考え難いことであった．カニツァロの努力でアヴォガドロの仮説が多くの実験事実を矛盾なく説明することを化学者が受け入れるようになり，同種の原子からなる2原子分子の存在も一般に認められるようになったが，その結合の本質が理解されるには量子力学の出現を待たねばならなかった．アヴォガドロの仮説から1927年のハイトラーとロンドンによる共有結合の説明まで，実に116年の年月を要したのである．

3

光で探る分子の挙動
―星間空間の分子―

紙の上に書いた分子式は分子の骨組みだけを教えてくれるが，実際の分子は空間を飛行し，回転し，振動している．室温の条件であっても，典型的な分子で1秒間に300 m飛び回り，10^{11}回も回転し，振動は10^{12}～10^{13}回に達する．このように常に止まることなくダイナミックに運動しているのが，現代の化学が取り扱う分子という存在である．

分子が活躍する世界も，高校までの教科書的「化学」で取り扱った範囲を大きくこえて，時間的・空間的に拡張している．いや，われわれがようやくその広大な地平を認識できるようになったというべきであろう．本章では，星間空間という極限的領域を例に，ダイナミックに活動する分子の姿の一端を紹介する．

ともするとわれわれは，星と星との間は「真空」，つまり全く物質が存在しない空間と考えがちである．確かに，地球上の尺度で考えると星間空間での物質の密度は桁違いに小さい．しかし，この希薄な空間中でも分子は確かに存在し，地球上とは大きく異なった一見奇妙な振る舞いを示す．そして，分子の挙動はそれを取り巻く環境を鋭敏に反映し，何光年という遙かかなたで進行している巨大なスケールの天体運動を探る上での重要な手がかりとなる．

分子のダイナミックな振る舞いを探るには，それにふさわしい道具が必要である．最も有力な手段の一つが「光」である．広い意味での光，つまり，電磁波を用いる測定法の特徴は，大きくあげて二つある．まず第一に，遠距離の事象を観測可能なこと．天文観測の場合には必須の要件である．第二は，分子の微視的状態を精密に特定しうること．分子というミクロな存在を用いて天体の状況を知ることができる理由は，実はここにある．そこでまず，分子の運動状態と光に対する応答をまとめることから始めよう.

3.1 分子のエネルギー準位と光との相互作用

(1) 分子の運動の分類

分子は複数個の原子核と電子から構成されている. これらの粒子は正または負の電荷をもち, 互いに強い電気的力を及ぼしあっているから, 別々に考えるよりも一つのまとまりとして扱う方がよい. ここでは, 液体や固体中の分子ではなく, 気体中に存在するときのように1個1個がほぼ自由に運動しうる場合を考えよう. このとき, 分子の運動は, 全体が空間的に移動する動き（並進), 全体の回転, 原子核の相対的な位置の変化（振動), 分子内での電子の運動, の四つに分けることができる. 並進に関しては, 光との相互作用によって変化することがほとんどないことから, 今の場合は相互作用を無視することができる.

(2) 量子化された分子の運動

分子は, 大きさが nm（$=10^{-9}$ m）程度ときわめて微小な存在であり, その運動は量子力学（quantum mechanics）で規定される（2章参照). 運動の領域が有限, つまり, 構成粒子が無限遠まで離れることがない場合は, 分子は飛び飛びの値のエネルギーしかもつことができない. 回転・振動・電子の運動は, このようにエネルギーが量子化される場合に当たる. 離散的なエネルギーを有する運動状態を, エネルギー準位（energy level）ともいう.

(3) 分子による光の吸収・放出

異なる二つの準位間は, 光の形でエネルギーを放出もしくは吸収し, 互いに移り変わることができる. これを光学遷移（optical transition）と呼ぶ. 光の有するエネルギーはその波長 λ に反比例するので, 準位間のエネルギー差 ΔE は, 次式に従う.

$$\Delta E=\frac{hc}{\lambda} \tag{3.1}$$

ここで, h はプランク定数（Planck constant）と呼ばれる物理定数（$=6.626\times10^{-34}$ J s), c は光の速度（$=2.998\times10^{8}$ m s^{-1}）である. この関係を模式的に示したのが図 3.1 である. 二つの準位間を結んだ矢印の長さがエネルギー差に当

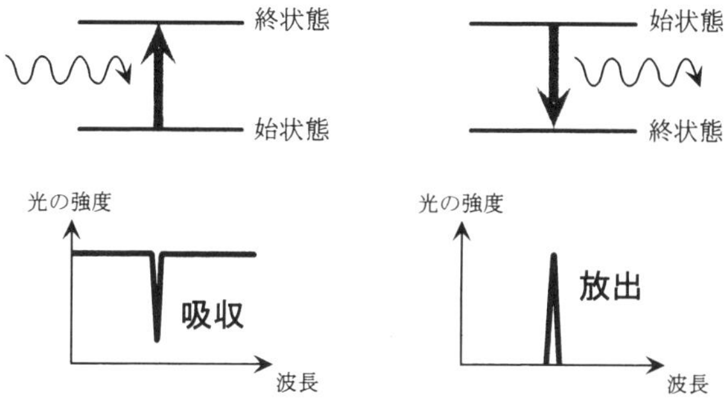

図 3.1　分子による光の吸収と放出
左が吸収，右が放出に対応する．上はエネルギー準位の関係を示す．縦軸は分子のもつエネルギーであり，上にいくほど大きい．波矢印は光を示す．下は対応するスペクトル（3.1 節の（7）参照）の模式図．

たる．

(4)　エネルギー準位の階層構造

(1)で「運動を分けることができる」と述べたのは，単に性質が異なるというばかりでなく，運動に関するエネルギーの大きさが種類によって異なることを意味している．回転・振動・電子の運動では，その大小関係は次のとおりである．

$$E_{\text{電子}} \gg E_{\text{振動}} \gg E_{\text{回転}} \tag{3.2}$$

ここで，不等号の左右を比較すると，一般に 100：1 程度の差がある．つまり，分子のエネルギー準位は，図 3.2 に示すように階層的な構造をとっている．

(5)　分子の運動と光の波長との対応

式(3.1)を用いると，分子の運動状態と電磁波の波長を，図 3.3 のように関連づけることができる．つまり，波長の短い紫外・可視光を吸収または放出すると，分子内の電子の運動が変化する．これを電子遷移（electronic transition）と呼ぶ．それよりも波長が長い赤外光では分子の振動が，さらに長波長の電磁波（一般に電波と呼ばれる）では回転状態が変わる．これらは各々振動遷移（vibrational transition），回転遷移（rotational transition）と呼ばれる．回転遷移などの電波領域では，電磁波の種類を波長の代わりに周波数 $\nu(=c/\lambda)$ で示すことが多い．電子遷移，振動遷移，回転遷移をまとめて光学遷移と呼んでいる．

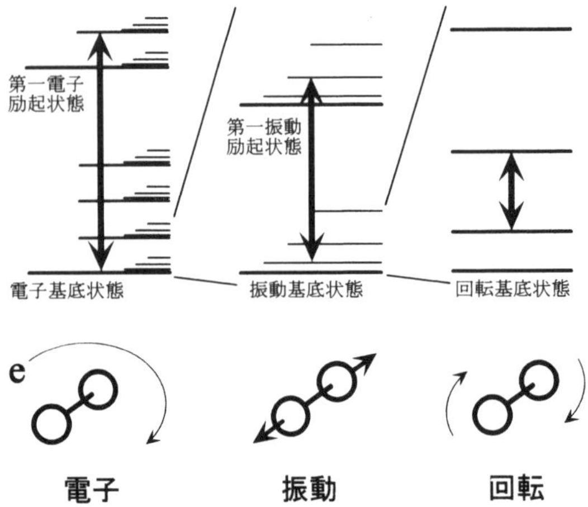

図 3.2　分子のエネルギー準位
縦軸は分子のもつエネルギーであり，上にいくほど大きい．
左から右へと，順次縦軸のスケールは拡大されている．

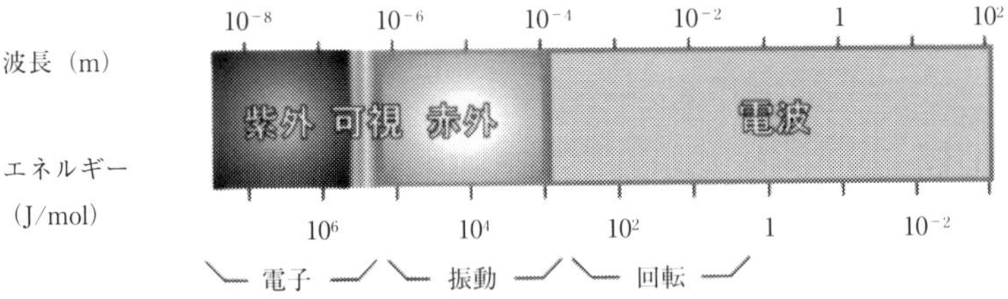

図 3.3　分子の運動と光の波長
横軸は，光の波長と，それに対応する分子のエネルギー．両者は式(3.1)で関係づけられる．ただし，エネルギーは分子 1 mol あたりに換算してある．われわれが光として認識できる領域はわずか 400～800 nm のみであることに注意．

(6)　分子の形と光学遷移

光学遷移は，時間的に変動する電磁波の電場成分が，分子内の電荷に力を及ぼすことに由来する．たとえば，電子遷移は，分子内での電子の周期運動に光の電場が同期して，電子の運動が変化することと考えてよい．回転運動の場合は，分子全体としての電気的偏り（双極子モーメント）が存在しなければ電磁波と相互作用することができず，双極子モーメントをもたない分子では回転状態が変化しても電波の吸収・放出を起こさない．振動遷移では，原子の位置変化によって電気的偏りが変化することが必要である．この結果，H_2，O_2 などの等核二原子分子は回転・振動遷移ともに観測できず，CO_2，CH_4 などの対称な分子では回転遷移は観測できない．

(7)　スペクトル：分子の「指紋」

分子内で電子にはたらく電気的な力，化学結合の強さ，全体としての形など，分子はそれぞれ特有の微視的性質を有する．このことを反映して電子・振動・回転のエネルギー準位のパターンも分子に固有である．したがって，いかなる波長の光がどのような強さで吸収・放出されるのかを観測することにより，分子の種類と運動状態を知ることができる．このように，吸収・放出される光の強度を波長（もしくは周波数）に対してプロットしたものをスペクトル（spectrum）と呼ぶ（図3.1参照）．つまり，スペクトルは，分子の「指紋」の役割を果たす．また，スペクトルの解析から分子の微視的性質を探ることができる．このような研究分野を分子分光学（molecular spectroscopy）と呼ぶ．

(8)　分子のスペクトル：微視的「温度計」

分子の集団が温度 T なる熱的平衡状態（thermal equilibrium）にある場合，E なるエネルギーをもった分子の数 $P(E)$ は，

$$P(E) \propto \exp\left[-\frac{E}{k_B T}\right] \tag{3.3}$$

で表されるボルツマン分布（Boltzmann distribution）に従う．ここで，k_B はボルツマン定数（Boltzmann constant）と呼ばれる物理定数（$=1.381\times10^{-23}$ J K^{-1}）である．複数のエネルギー準位を始状態とする光学遷移の相対強度を比較することで各エネルギー準位に存在する分子の割合を算出できるので，分子のスペクトルは「温度計」として用いることができる．

(9)　ドップラーシフト：微視的「速度計」

分子の並進運動については今まで無視してきたが，スペクトルに微小な効果を及ぼす．光も音波同様に波動の一種であるからドップラー効果（Doppler effect）を示し，運動している物体が吸収・放出する光の波長は静止時とは異なる．物体の速度を v，静止時と運動時の波長をそれぞれ λ_0 と λ とすると，次の関係がある．

$$\lambda=\frac{\lambda_0}{1\pm v/c} \tag{3.4}$$

ここでプラスは物体が近づいている場合，マイナスは遠ざかる場合である．分子のスペクトルに関して，静止時の波長からのずれであるドップラーシフト（Doppler shift）を正確に測定することができれば，その速度を算出できる．

3.2　地球外天体における分子の検出

(1)　ミクロと天文学の接点

分光学のはじまりは天文学と深いつながりがある．19 世紀初め，フラウンフォーファー（Fraunhofer, 1787～1826）は太陽光線のスペクトルを測定し，可視領域の連続的発光のところどころに幅の狭い暗線を見出した．このいわゆるフラウンフォーファー線は，当時はその原因が不明であったが，元素の発光スペクトルとの比較から，19 世紀後半には H，Na，Fe，Ca，Ca^+，Ti^+ などの原子やイオンに由来することが明らかになった．つまり，太陽大気中には原子やイオンが存在し，表面からの連続光を吸収している．このような原子の発光・吸収線を合理的に説明する必要性が，量子力学の成立を促す要因の一つとなった．

(2)　彗星・太陽における分子の検出

彗星は太陽に近づくにつれて明るく光り出す．プリズムを用いてこの光のスペクトルを測定すると，特定の波長に帯状の発光がみられることが 20 世紀初頭にはすでに知られていた．1930 年代に入り，これらの発光は CN，CH，C_2，OH，NH などの二原子分子に由来することが明らかになった．また，太陽光のスペクトル中にも，原子による暗線同様に吸収の形で現れていることが確認された．これら可視領域のスペクトルはすべて電子遷移である．スペクトルが帯状に観測されたのは，電子の状態変化とともに振動と回転の状態も変化するため，わずかに波長の異なる遷移が多数存在するからである．波長分解能を上げて測定すると，これらの遷移を 1 本 1 本分けて観測することができる．

(3)　フリーラジカル：不安定な分子

彗星や太陽で発見された分子の大部分は，化学結合の面からみると通常の分子とは異なる．つまり，各原子の結合の手が満たされておらず，不対電子（unpaired electron）が存在する．不対電子を点で表せば，たとえばCNは，·C≡Nと示される．このような分子種はフリーラジカル（free radical）と呼ばれる．他の分子と衝突するときわめて反応しやすく，自分自身が付加したり原子を引き抜いたりして，安定な別の分子に変化する．

(4)　分子からみた彗星・太陽

フリーラジカルは，その高い反応性ゆえ，地球の大気中ではごくわずかしか存在しない．実験室で検出するためには，高温の炎や放電によってエネルギーを与えることにより，安定な分子の化学結合を切断してつくり出す必要がある．フリーラジカルの存在は，彗星の周囲や太陽大気も，化学結合がほとんど切断されてしまう過酷な環境であることを反映している．

(5)　惑星における分子の検出

1930年代には，可視から赤外にかけての振動スペクトルを測定することによって，金星と火星では二酸化炭素（CO_2）が，木星・土星・天王星・海王星においてはメタン（CH_4）が，上層大気中に存在することが確認された．惑星の場合は温度が低く，地球同様に多原子分子も十分存在できる環境である．現在では，人工衛星による観測や惑星探査機による大気成分の直接分析によって，多数の分子の存在が確認されている．

3.3　星間空間における分子の発見

(1)　恒星での分子の検出

太陽系外の恒星においても太陽同様に分子が存在するであろうと期待される．この予測は，1940年代の光学望遠鏡による観測によって実際に確認された．発見された分子は，やはりほとんどすべてが二原子フリーラジカルであった．興味深いのは，分子の種類が恒星の原子組成を反映しており，炭素が酸素に比べて多い場合はCN，CH，C_2が強く観測されるが，酸素過剰の恒星ではほとんどみえずTiOなどの酸化物が多いことである．

(2)　光による星間分子の検出

恒星からの可視光測定において，スペクトルに現れる暗線の一部が，恒星自身に由来するものではなく，恒星と地球との間に存在する気体状物質による吸収であることが判明した．まず，20 世紀初頭に Ca^+ が同定され，その他の原子やイオンの発見も相次いだが，1930 年代に入りついに，分子として初めて CN と CH が検出された．これ以降，分子イオンである CH^+ が検出されたが，星間空間におけるさらなる新分子の発見へとは進展せず，二原子分子より複雑な分子の存在を予想する人はまれであった．

(3)　電波による星間分子の検出

1940 年代から開始された電波による観測は，状況を大きく変化させた．まず，1963 年に電波による星間分子の初観測として OH が検出され，アンモニアや水などがそれに続いた．1970 年代に入り，電波望遠鏡の大型化・高性能化がなされると，分子の発見ラッシュといえる状況となり，現在までに 100 種以上の分子が星間空間や恒星周辺部で検出されている．わが国でも 1982 年に長野県野辺山の国立天文台宇宙電波観測所に直径 45 m のパラボラ型電波望遠鏡が完成し（図 3.4），新星間分子の検出などに活躍している．観測される電波領域のスペクトルは，主に分子の回転遷移である．

図 3.4　野辺山電波観測所 45 m 電波望遠鏡
mm 程度の波長の電波を観測する．高い方向性や感度を達成するため，パラボラ面は μm 単位の精度に保持されている（国立天文台野辺山宇宙電波観測所提供）．

3.4　星間分子を取り巻く環境

(1)　星　間　雲

星間空間は均質ではない．気体粒子の密度が1 m^3 あたり1個程度という極限的な真空から，10^{12} 個程度と比較的大きい領域もある（しかし，地球大気と比較すれば 10^{13} 倍も希薄である）．星間空間で圧倒的に存在量が多い元素は水素である．密度が小さい領域（1 m^3 あたり 10^6 個くらいまで）では，水素は原子もしくはイオンの形で存在しており，それ以上では分子となっている場合が多い．このように密度が高い領域を星間雲（interstellar cloud）と呼ぶ．星間雲は大体数～数十光年の大きさで，銀河の内部に多数点在している．星間雲中には，気体成分ばかりでなく，微小な固体，いわゆる星間塵（interstellar dust）も存在する．

(2)　星間分子が存在する場所

星間雲のうちで密度が低い領域は，周囲からの光が透過することができるので「ぼやけた雲」(diffuse cloud) とも呼ばれる．温度は3～100 K である．3.3節の(2)で述べた分子の初検出は，この領域の観測結果である．

さらに密度が高い部分（10^8～10^9 個/m^3）では，塵に遮られて光は内部まで浸透できず，光で観測すると黒い影のようにみえる．このため暗黒星雲（dark cloud）と呼ばれる．電波は透過するので内部の観測が可能である．温度は3～10 K と極低温である．暗黒星雲の内部・周辺で星がまさに生成しているケースがある．その場合，温度は100 K 程度まで高くなる．これらの星雲は星間分子の宝庫である．

3.3節の(2)で述べたように，恒星の周辺にも分子は存在する．特に，赤色巨星（red giant）と呼ばれる年老いた星では，核反応と重力のエネルギーの釣り合いから，多量の物質を外部に放出している．このような星の周囲にも多くの分子が見出される．

(3)　星間分子の種類との相関

星間分子が存在する領域と，見出される分子の種類とは特徴的な関係がある．まず，ぼやけた雲では，現在のところ，二原子分子が圧倒的である．密度が薄いので複雑な分子は生成しにくく，もし生成しても強力な紫外線が存在するため，壊れてしまうだろうと考えられている．一方，暗黒星雲では，多くの多原子分子が存在する．特に温度が低い領域では，$H-(C\equiv C)_n-C\equiv N$，$C_nH$，$C_nN$，$C_nS$ のような直鎖状の分子が多数発見されている．より温度の高い，星生成領域になると，アルコール類などの飽和有機化合物が多数観測される．赤色巨星周辺でも直鎖状分子が多く，また AlCl，NaCl などの無機塩も検出される．

3.5　星間分子の生成メカニズム

(1)　星間分子の生成機構

星間空間はきわめて密度が希薄で温度も低いので，分子の「合成経路」は地球上とは大きく異なる．たとえば，安定な分子同士の反応は，結合の組み替えにエネルギーが必要であるので星間空間中ではほとんど進行しない．星間空間中での分子生成の主要なルートは次の二つである．まず第一は，星間塵などの固体表面上での反応である．水素原子二つから水素分子が生成する反応がこれに当たる．アルコールなどの生成にも関与していると考えられている．第二は，いわゆるイオン-分子反応（ion-molecule reaction）である．

(2)　イオン-分子反応

分子同士の反応とは異なり，イオンと分子もしくは原子の反応では外部からエネルギーを与える必要がない．そのため極低温の条件下でも反応が自発的に進行する．星間分子の生成の仕方としては，次のように，水素や炭素のイオンをもとにして簡単な分子ができ，徐々に複雑なものが合成されていったと考えられる．ここで A，B は C，O，N などの原子を意味する．

① 宇宙線による水素分子のイオン化：

$$H_2 + (\text{cosmic ray}) \longrightarrow H_2^+$$

② H_3^+ とその他の分子イオンの生成：

$$H_2^+ + H_2 \longrightarrow H_3^+ + H, \qquad A + H_3^+ \longrightarrow AH^+ + H_2$$

③ 分子イオンの複雑化：

$$AH^+ + H_2 \longrightarrow AH_2^+ + H, \quad \cdots, \quad AH_{m-1}^+ + H_2 \longrightarrow AH_m^+ + H, \quad AH_m^+ + B \longrightarrow ABH_n^+ + pH_2 + qH, \quad \text{など}$$

④ 中性分子の生成：

$$AH_m^+ + e \longrightarrow AH_n + pH_2 + qH,$$

$$AH_m^+ + B \longrightarrow AH_m + B^+, \quad \text{など}$$

⑤ 宇宙線による炭素原子のイオン化：

$$C + (\text{cosmic ray}) \longrightarrow C^+$$

⑥ 炭素イオンによる反応：

$$C^+ + OH \longrightarrow CO + H^+,$$

$$C^+ + H_2O \longrightarrow HCO^+ + H, \quad \text{など}$$

(3)　星間空間中の分子イオン

分子イオンは，フリーラジカル同様に反応性が高く，高濃度で生成することがきわめて難しい．そのため，HCO^+，HN_2^+，$HOCO^+$ などのスペクトルは，天文観測によってまず先に検出され，その後，実験室でも確認された．多原子分子イオンとして最初に検出された HCO^+ は，当初その正体がわからず X-ogen（分子 X）と呼ばれた．これら分子イオンの検出は，イオン-分子反応が星間分子生成の主要ルートであることの直接的な証明となった．

イオン-分子反応で最も重要な役割を占める H_3^+ は，正三角形構造をもつため電気的偏りがない．つまり，回転遷移による電波観測が適用できない分子であり，つい最近まで検出は不可能であった．1996 年，高感度な赤外望遠鏡を用いて振動スペクトルを測定することにより，ついに分子雲中の存在が確認された．

(4)　天体観測と実験室分光

スペクトルは分子固有であるが，全く未知の分子をスペクトルのみから特定することは容易ではない．天体観測の場合は，含有する元素の種類についてすら情報がないので，なおさら困難が伴う．そのため，未知分子の確定には実験室での測定が不可欠となる．

星間分子の有力な候補であるフリーラジカルや分子イオンを研究するためには，高感度の測定法と，実験室で効率よく生成する工夫が必要である．測定感度の面では，レーザーなどの単一波長光源や検出器の進歩によって，暗黒星雲中の水素濃度に迫る検出限界が達成されつつある．生成法では，高濃度のガスを真空中に噴出する瞬間に放電を行う方法が開発され，炭素原子が10個をこえるような直鎖分子の生成に威力を発揮している．

3.6 分子で探る星間空間

(1) 星間雲の地図

電波望遠鏡の性能向上によって空間分解能の高い観測が可能になり，暗黒星雲内部の様子が詳しく調べられるようになった．この際，分子の吸収・発光線が星間物質の分布をモニターするのによく用いられる．図3.5にオリオン座馬頭星雲に対する観測の結果を示す．光では黒くみえる部分に，分子が高濃度で存在することがわかる．特に多量に存在するところは，ガスが重力収縮を起こして星が生まれようとしている領域である．

また，種類の異なる分子の分布を比較することにより，星間雲の「生い立ち」についても調べることができる．つまり，複雑な分子ほど生成するのに時間がかかるので，そのような分子が多く存在する領域ほど古い歴史を有すると考えられるからである．実際に，C原子とCO分子の分布を同一領域で測定することにより，「ぼやけた雲」が高密度の星間雲へと進化する過程が明らかになりつつある．

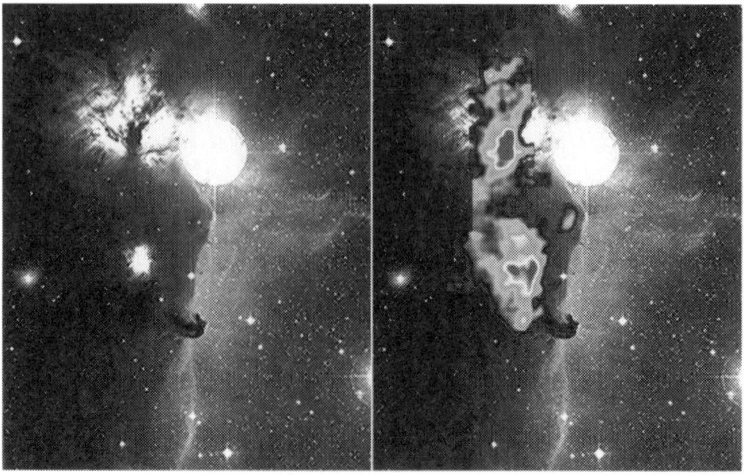

図 3.5 暗黒星雲中の分子

光（左）と電波（右）で観測したオリオン座馬頭星雲．電波による観測は，一酸化炭素の回転遷移をモニターしたもの．白いふちで囲まれた島状の部分が分子の濃度が高い（国立天文台野辺山宇宙電波観測所提供）．

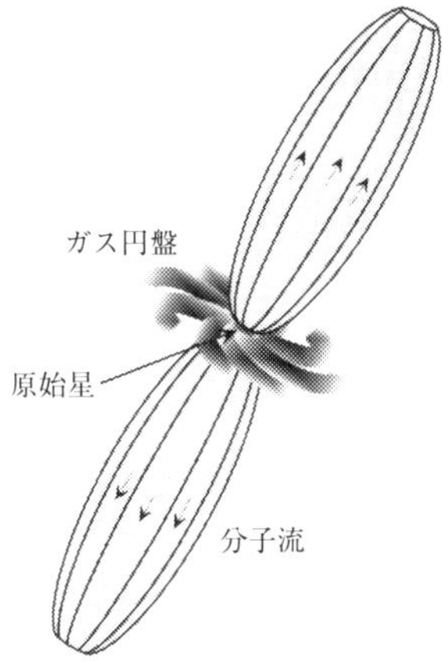

図 3.6　原子星周辺のガス流
分子流の全長は 0.1～数光年程度．中心に原始星が存在する．

(2)　大規模な分子の流れ

生成途中の星(原始星という)においては，図 3.6 に示すように大規模な星間物質の運動が存在する．星の重力に引き込まれて，周囲に存在するガスは円盤状に回転しながら星に落ち込んでいく．一方，ガス円盤に垂直に，上下 2 方向に高速のガスの流れが噴出しており，その速さは 100 km/s に達する場合もある．この原始星の活発な姿は，ガス流として噴出される分子のスピードを，回転遷移のドップラーシフトから見積もることにより明らかになった．

(3)　星間の分子発信機

分子流が周囲のガスと衝突する際に発生する衝撃波や，隣接する恒星からの光は，周辺に存在する分子を局所的に加熱する．このような領域からは，分子からの強力な電波が検出されることがある．その電波のエネルギーは，しばしばきわめて莫大であり，単一の波長にもかかわらず，太陽から放出される電磁波をすべての波長領域で合計したものよりも大きい場合がある．

この強力な電波発生の機構は以下のとおりである（図 3.7）．加熱された分子のかたまりは熱的平衡にならず，エネルギーが大きい準位の方に多数の分子が分布する．回転準位の分布がこのような「あべこべな」状態になると，たまたま一つの分子が放出した電波が別の分子の電波放出を誘起する．結果として電波は玉突き的に強くなり，最終的には分子の集団全体から単一波長の強力な電波が放出

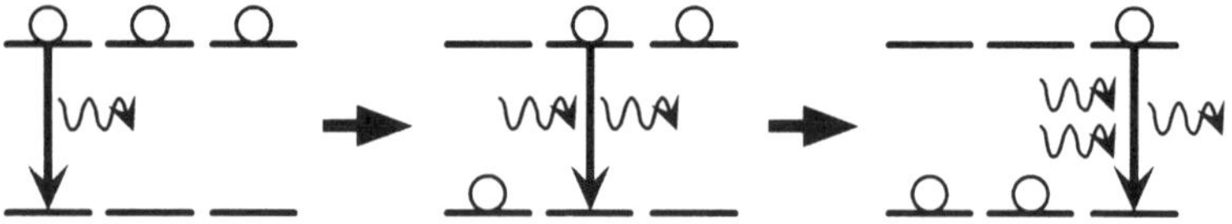

図 3.7 メーザーの原理

される．このような現象をメーザー（MASER）と呼ぶ．誘導放出によるマイクロ波（波長の短い電波）の増幅（microwave amplification by stimulated emission of radiation）の略であり，正確な波長の電波を発信する場合にも利用されている．

(4) 星間物質の循環と分子

宇宙空間での物質の変遷を図 3.8 にまとめる．暗黒星雲の中で分子や星間塵が重力収縮によって集まり，原始星が形成される．誕生した恒星は核融合によって輝き始め，内部では水素から重元素が合成されていく．年老いてくると質量が大きい場合は超新星爆発を起こし，もしくは赤色巨星として，周辺空間中に物質を放出する．漂い出た分子や星間塵は，再び重力によって寄り集まり始め，星間雲を形成する．つまり，星の起源は星間分子にあり，星間分子のもとは恒星であるという，時間・空間的に巨大な，物質の循環がある．

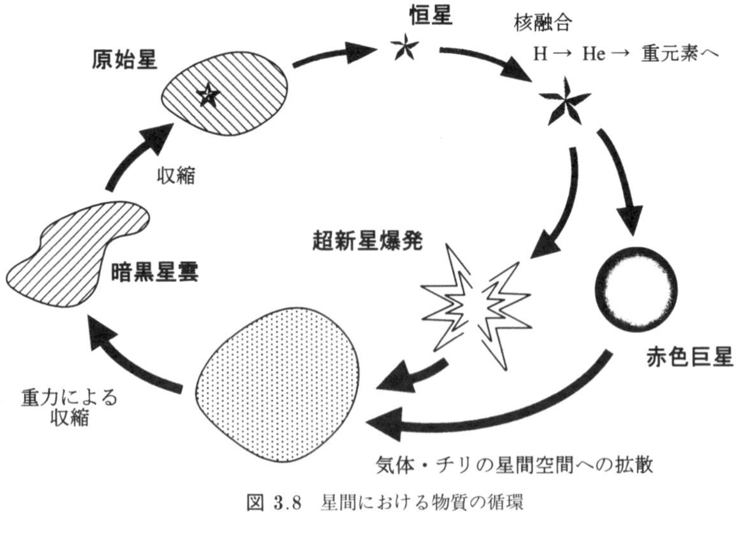

図 3.8 星間における物質の循環

3.7　星間の分子科学：さらなる挑戦

(1)　ぼやけた雲中のぼやけた吸収

3.3節の(2)で，光学望遠鏡による観測では，星間分子として検出されているのは二原子分子のみであると述べた．実は，可視領域には正体不明のスペクトルがきわめて多数存在し，1930年代から現在までに200本近く発見されている．これらの未知のスペクトルは，原子や二原子分子とは異なってやや幅の広い吸収線として観測されるので「星間のぼやけた線」と呼ばれている．密度の比較的小さい「ぼやけた雲」中に存在する物質によると考えられているが，その正体は60年来の謎であった．

つい先ごろ，このうちの数本が，実験室で観測した直線型の分子負イオン C_7^- のスペクトルとよく一致することが判明した．C_7^- は，3.5節の(4)で述べた瞬間放電法で生成し，その電子遷移をレーザーによって高感度に検出したものである．負イオンは光を吸収すると電子を放出して中性分子になるので，「ぼやけた雲」中ではほとんど存在できないと考えられていた．確認にはさらなる観測が必要であるが，星間における分子の生成・消滅は，従来の予想以上に複雑であることを示唆している．また，大多数の「ぼやけた線」は依然として謎のままであり，予期しなかった「へんてこな」分子が星間空間中には多数存在する可能性がある．

(2)　星間塵上の化学

星間空間中での分子生成機構のうち，イオン-分子反応については，天文観測ならびに実験室の研究からその全容がほぼ明らかになっている．一方，もう一つの重要なルートである固体表面上の反応は，未だ解明すべき点が多い．暗黒星雲中のような極低温な環境では，安定な分子同士の反応がほとんど進行しないのは固体表面上でも同じである．イオン-分子反応同様な，エネルギーを必要としないで自発的に進行する反応機構が，固体表面上でも存在すると予想される．現在，「トンネル反応」の重要性が指摘されるようになった．トンネル反応は，図3.9に模式的に示すように「粒子は波動性を有する」という量子力学的原理に基づくものであり，純粋に化学反応論的観点からも注目を集めている．つまり，星間空間の分子科学は，現代の化学が拡張・深化する上での原動力の一つとなって

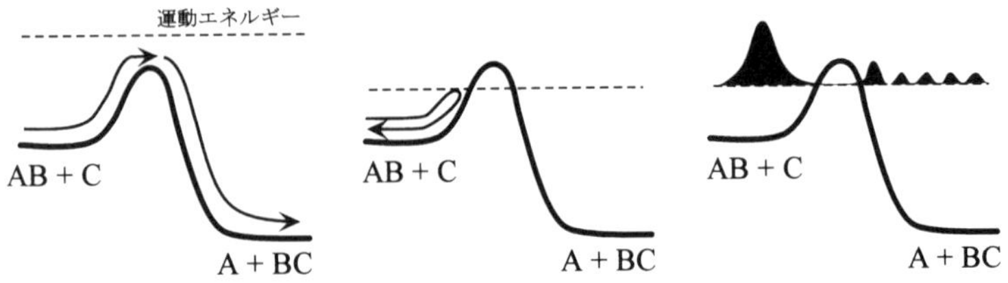

図 3.9 トンネル反応

横軸は反応の進行を表す座標，縦軸は反応に必要なエネルギーを示す（1 章参照）．大きな運動エネルギーをもっていれば反応途中の山（エネルギーが必要な場所）を乗りこえられる（左）．古典的には，温度が低く小さなエネルギーしかもたない場合は山をこえられないので反応しない（中）．しかし，量子力学的には，山より小さいエネルギーでも，反応が進行する確率は 0 ではない（右）．灰色の山は，その位置における存在確率を示す．反応物の側 (A＋BC) にも確率があることに注意．

いる．

用語解説

トンネル効果とトンネル反応

通常の化学反応では，反応が起こるためには反応系は活性化エネルギーに相当するポテンシャルエネルギーの障壁をこえねばならない．しかし，量子力学では図 3.9 に示されているように，ポテンシャルの山の左にある粒子に対応する波動関数が山をこえた右側に存在する確率が常に存在する．これが「トンネル効果」という現象で，ポテンシャルの山をこさずに左から右に粒子は通り抜けることが可能となる．このトンネル効果で起こる反応をトンネル反応という．トンネル効果でポテンシャル障壁を粒子が通り抜ける確率は粒子の質量に大きく依存し，質量が小さいほど大きくなるので，トンネル反応は電子や水素のような軽い粒子が関与する反応で重要になる．通常の反応ではアレニウスの式に従って，温度が高くなるにつれて指数関数的に反応速度は速くなるが，トンネル反応では温度依存性は小さい．したがって，トンネル反応は低温で重要になる場合が多い．

コーヒーブレイク③

ボルツマンとオストワルド

ボルツマン分布やボルツマン定数でわれわれになじみのある，統計力学創始者の一人ボルツマンと，物理化学の創始者の一人で，希釈律，反応速度，化学平衡の研究で有名なオストワルドは，19世紀の終わりに激しい論戦を行っていた．19世紀の後半から20世紀にかけて，化学者は原子量，分子量や化学式を用いて化学現象を記述してはいたが，必ずしも彼らが原子・分子の実在を信じていたわけではなかった．オストワルドはオーストリアの物理学者・哲学者のマッハとともに原子を実在のものとする考えに強く反対し，原子は現象を考察するために便利な単なるモデルにすぎず，すべての現象はエネルギーの変換を基礎として理解されると主張した．ボルツマンは，原子の実在を信じる原子論者のリーダーとしてこの論戦を戦ったが，反原子論者を納得させるには原子の実在を証明する実験的証拠が必要であった．20世紀に入ると，原子の存在を支持する実験事実が続々と現れて，1910年代には原子論はゆるぎない勝利を収めるが，それをみずしてボルツマンは1906年に自殺という痛ましい死を遂げる．今日，われわれは走査トンネル顕微鏡（STM）や電子顕微鏡を用いて原子を直接に観察することすらできる．まさに20世紀の科学の進歩は驚異的である．ちなみに，ウィーンの中央墓地にあるボルツマンの墓には，大理石の胸像とともに彼のエントロピーの式 $S=k\log W$ が刻まれて，その不朽の業績が称えられている．

4
電波で探る分子の性質 —NMR—

4.1 NMR とは

「電波で探る分子の性質」というタイトルから，宇宙のかなたの分子を電波望遠鏡を使って研究する話をイメージした人がいるかもしれない．ここでは，強力な磁石でつくられる磁場の中に調べたい試料を入れて，数十～数百 MHz の周波数の電波（FM ラジオで用いられている周波数の電波：ラジオ波）を照射し，試料中の分子の形や運動を研究する手段である NMR 法について簡単に紹介する．NMR の測定対象は，気体，液体，固体状態の試料と多岐にわたる上に，NMR は分子を構成している原子核の種類や結合状態，電子状態，分子の構造や運動に関する多様な情報をもたらしてくれるために，現在，物理学，化学，薬学，生物学，医学など科学の広い分野で用いられている．

NMR の原理について簡単に述べる．原子核の中には磁場中でラジオ波を吸収・放出するものが何種類も存在する．ある核が吸収・放出するラジオ波の周波数 ν はかけた磁場の強さ B_0 に比例し，その核に固有の値を示す．

$$\nu \propto \gamma B_0 \qquad (4.1)$$

ここで，γ は磁気回転比と呼ばれるその核に固有の定数である．たとえば，水素核の場合，1 T（T：テスラ，1 T=10,000 G）の強さの磁場中では約 42.6 MHz のラジオ波を吸収・放出するが，同じ磁場中でリンは約 17.2 MHz のラジオ波を吸収・放出する．このような磁場中の核のラジオ波の吸収・放出現象を核の磁気共鳴（nuclear magnetic resonance：NMR）現象と呼ぶ．さて，このような数十 MHz のラジオ波は，コイルにより簡単に発生することができる．したがって，NMR の観測は測定したい試料を磁石によりつくられた磁場の中に入れて，そのまわりにコイルを巻いて核によるラジオ波の吸収・放出を測定することで行われる（図 4.1）．

NMR は，科学的緻密さを犠牲にして簡単にいうと，「原子核が磁場により磁化されている」ために起こすことができる．測定したい試料を磁場に入れると，試料の中の分子を構成している核が磁化される．できた核の磁化は方位磁石が北を向くように磁場の方向にそろう．ここで，磁場に直交するように配置されたコイルに数十 MHz の交流電流を流す．このようにすると，振動する磁場が発生する．このとき，振動の周波数が式(4.1)を満たす核の磁化だけが磁場の方向からずらされる．NMR の R，つまり，「共鳴」とは，式(4.1)のような特定の周波数をもった振動磁場を使って大きな磁場にとらえられた核磁化を動かすことに由来している．さて，方位磁石を動かすと，磁針はぐるぐる回りながらやがてもとの北をさす状態に戻る．同様に，核磁化も，振動磁場により短時間の間揺すぶった後放置しておくと，ぐるぐる回りながら，やがてもとの状態（熱平衡状態）に戻る．コイルの中で磁石を動かすと電磁誘導によりコイルに起電力が生じることが知られている．したがって，小さな磁石である核磁化の回転運動もコイルに電圧変化をもたらす（図 4.2）．これを測定するのが NMR 法である．回転運動の周波数，つまり，コイルに誘起される電圧の時間変化の周波数も式(4.1)で与えられ，検出に用いるコイルは振動磁場をつくったコイルを使う．

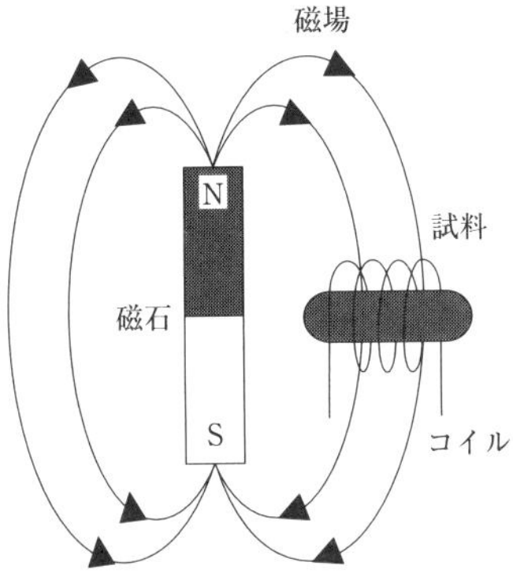

図 4.1 NMR 測定では磁場中の試料の電波の吸収・放出をコイルで検出する

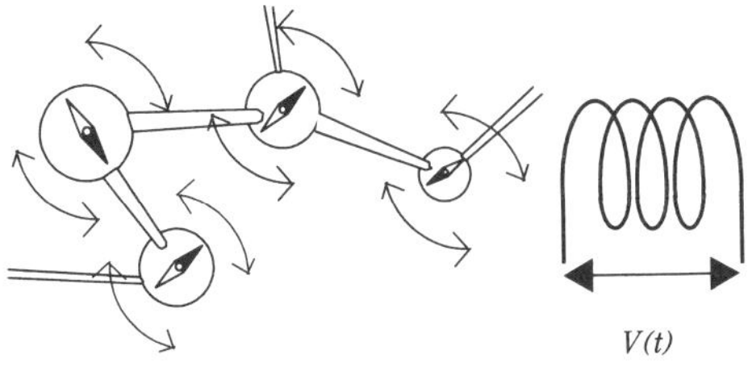

図 4.2 原子核は小さな磁石で磁場中で，ぐるぐる回ってコイルに電圧を誘起する

ところで，個々の核の磁石（核磁化）の大きさはたいへんに小さい．トリチウム（^{3}H：水素3）の次に大きな磁化を与える水素核について具体的に計算すると，1Tの磁場中で内径5mm，5回巻きのコイルに1mV程度の電圧を生じるためには，少なくとも10^{21}個の水素核の磁化の総和が必要とされる．検出には少なくとも1mV程度の電圧が望ましいために，NMRの測定には，試料として10mM程度必要である．後で述べるように外部磁場が大きくなれば，比例して核磁化も大きくなるので，10T程度の磁場であれば1mM以下の量でも測定できる．現在では，20T程度の超伝導磁石を用いた装置が市販されるようになってきた．

簡単にまとめておこう．ここまでに三つの磁石・磁場が出てきた．①核を磁化させるための磁石：ここでは単に磁場とか外部磁場と呼ぶ．これは強い磁場で少なくとも数Tのものが用いられる．②振動磁場：試料に巻かれたコイルに100W程度の増幅器を用いて電流を流して発生させる磁場で，強度は0.01T程度である．③核磁化：外部磁場により生じた核の磁化でとても小さく，普段は外部磁場方向を向いている．

4.2 NMRスペクトル

核磁化は振動磁場をかけて揺すぶられた後，ぐるぐる回りながらやがてもとの方向を向く．このときの回転の周波数はおおまかには式(4.1)で与えられるが，後で述べる「化学シフト」のために，同じ水素でもほんの少し（100万分の1：ppm程度）だけ周波数が異なったものが存在する．そのために，コイルに誘起される電圧変化$V(t)$は，減衰していく複数の振動の和として観測される．

$$V(t)=\sum_i V_i \cos(2\pi\nu_i t)\exp(-k_i t) \tag{4.2}$$

ここで，V_i, ν_i, k_iは，それぞれ，i番目の振動の強度，振動数，熱平衡に戻る速度（緩和速度と呼ぶ）であり，$V(t)$は自由減衰（free induction decay：FID）信号と呼ばれる（図4.3）．人間はこのような信号から各々の成分をみてとることは苦手であり，通常，得られたFID信号をフーリエ変換（Fourier transform：FT）して，横軸を周波数で表す（図4.3）．

$$S(\nu)=2\int_{-\infty}^{\infty} V(t)\exp(2\pi i\nu t)dt \tag{4.3}$$

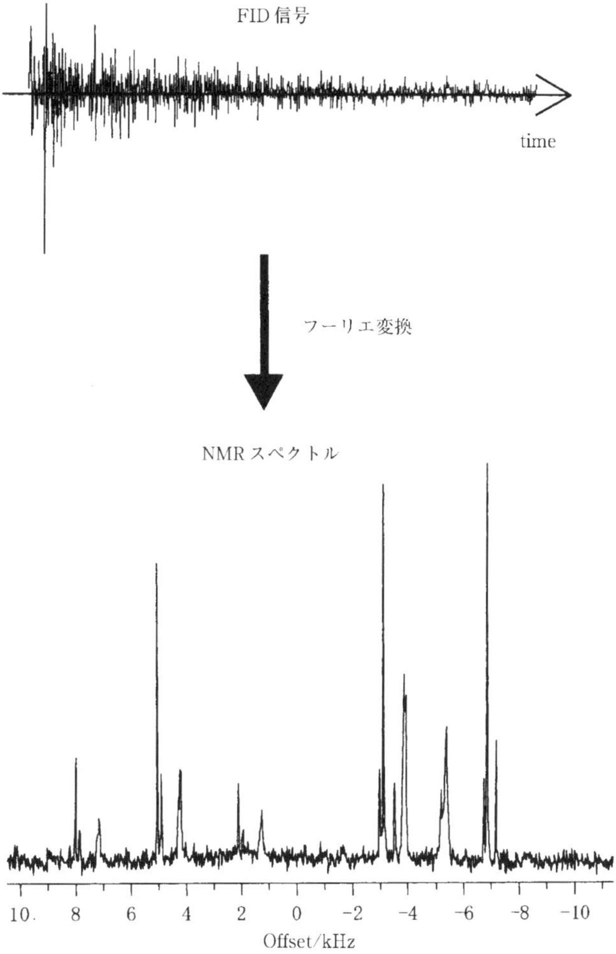

図 4.3 コイルで検出された電圧の時間変化（FID信号）をフーリエ変換するとスペクトルが得られる

これをNMRのスペクトルと呼ぶ．FID信号，NMRスペクトルともに，縦軸は核磁化の大きさ（電圧）である．

同じ核でも異なる周波数をもったものが存在するのなら，それぞれに対応した振動磁場をかけないといけないのではないか？　そのとおり！　振動磁場の強度と周波数を注意深く設定すれば「選択的に」ある核の磁化のみを観測できる．一般的には全体を一度に観測した方が効率がよいために，振動磁場の強度を周波数の分布よりも大きくして，一度にすべての核を揺すぶって式(4.2)のような和として測定し，FTによって分離するのである．また窒素とケイ素といった異なる核では，周波数の違いがたいへん大きく，それをカバーするくらいに強い振動磁場をコイルで発生することが難しい．したがって，異なる核の測定はそれぞれの周波数を用いて別々に行われる．

NMR信号の強度，つまり，核磁化の大きさは磁場の強さとともに増大する．したがって，NMRにはできるだけ強い磁場を用いた方がよい．図4.4に，約1.4Tと約9.4Tの磁石を用いて測定したエチルベンゼン（$C_6H_5-CH_2-CH_3$）の水素核のNMRスペクトルを示す．図4.4の横軸は，中心の周波数（a）60 MHz，（b）400 MHzからのずれを表している．約1.4Tで測定した場合(a)は，約60.00018 MHzにベンゼン環（C_6H_5）の水素が，約59.9999 MHzにCH_2の水素が，約59.99982 MHzにCH_3の水素の信号が観測された．このように，化学的に異なった水素のNMR周波数は若干異なる．これを化学的な要因による信号位置のシフト，略して，化学シフト（chemical shift）と呼ぶ．化学シフトの原因やCH_2，CH_3の水素の信号にみられる特徴的なパターン（J分裂）については後で説明する．また，エチルベンゼンには，水素と同様に磁場中で磁化する炭素の同位体（炭素13）も含まれているが，そのNMR信号は，それぞれ1.4Tでは約15 MHz，9.4Tでは約100 MHzに現れるために，水素核の信号と混同されることはない．

図4.4(a)，(b)を比べると明らかであるように，観測される位置（周波数の差）は用いた磁場の強さに比例する（式(4.1)）．ベンゼン環水素とCH_3の水素の間の周波数の差は1.4Tでは約360 Hzであるのに対して，9.4Tでは約2,400 Hzになっている．このように，弱い磁場で測定した場合には強い磁場で測定したものに比べて，狭い周波数範囲内にスペクトルが詰め込まれている．したがって，周波数の差は強い磁場の方がより正確に測定できる．たとえば，ベンゼン環に結合した5個の水素核は，図4.4(a)では1本の幅広い信号としてしか観測されていないが，強い磁場を用いた(b)では，複雑な信号として観測されている．これは，9.4Tの磁場中において，CH_3やCH_2の信号において観測されているJ分裂がベンゼン環水素でも観測可能になったことによるものである．さらに，図4.4(a)，(b)のノイズの大きさを比較すると，(b)の方がノイズが小さいこともわかる．まとめると，NMRでは用いる磁場が強い方が横軸の精度はよい．つま

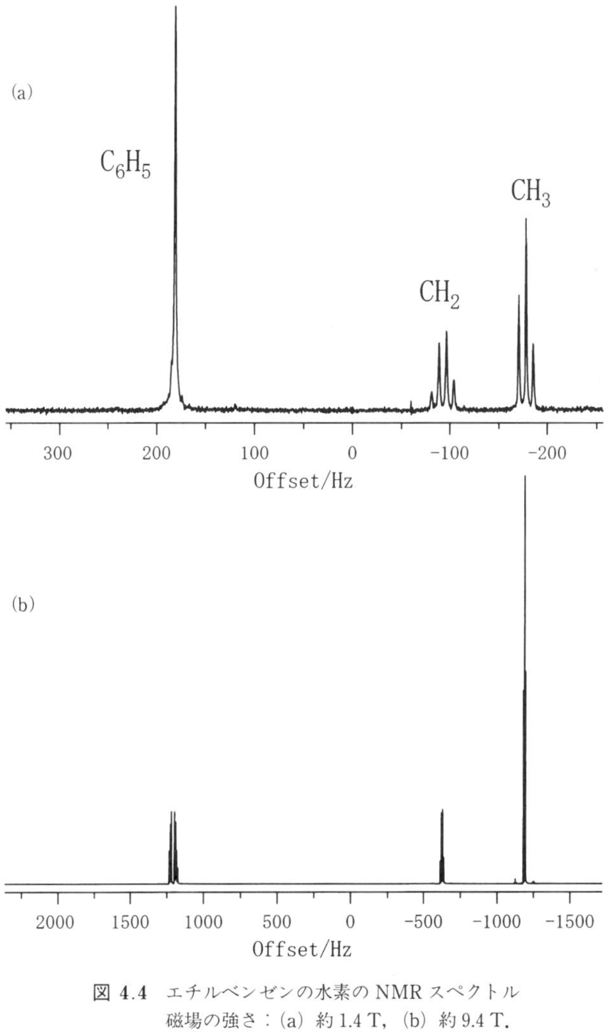

図 4.4　エチルベンゼンの水素の NMR スペクトル
磁場の強さ：(a) 約 1.4 T，(b) 約 9.4 T.

り，磁場が強い方が１本１本の吸収線の分離がよい．さらに信号の強度も強い．したがって，NMR で用いる磁場は強い方がよい．現在，NMR では高い磁場を発生することのできる超伝導磁石（超伝導電線でつくられたコイルに電流を流して電磁石にしたもの）を使用したものが広く用いられている．

NMR は核を観測しているために，その核を担う置換基の運動や核の周辺の電子状態を直接研究することができる．さらに他の核との結合の有無や距離などを測定することもできる．ここでは分子の化学構造の研究に用いられている化学シフトとJ分裂について解説する．図4.4で化学的に異なる水素核は異なった周波数に信号が出ることを示した．この結合状態に依存した周波数のシフトは「化学シフト」と呼ばれている．化学シフトの値（Hz）は磁場に比例しているために，異なった磁場で異なった値を示す（図4.4）．異なる磁場で測定した化学シフトを比較しやすくするためには，周波数（Hz）を測定周波数で割ってやればよい．たとえば，図4.4(a)のCH_3は測定周波数からのずれの周波数が −177.7 Hz で

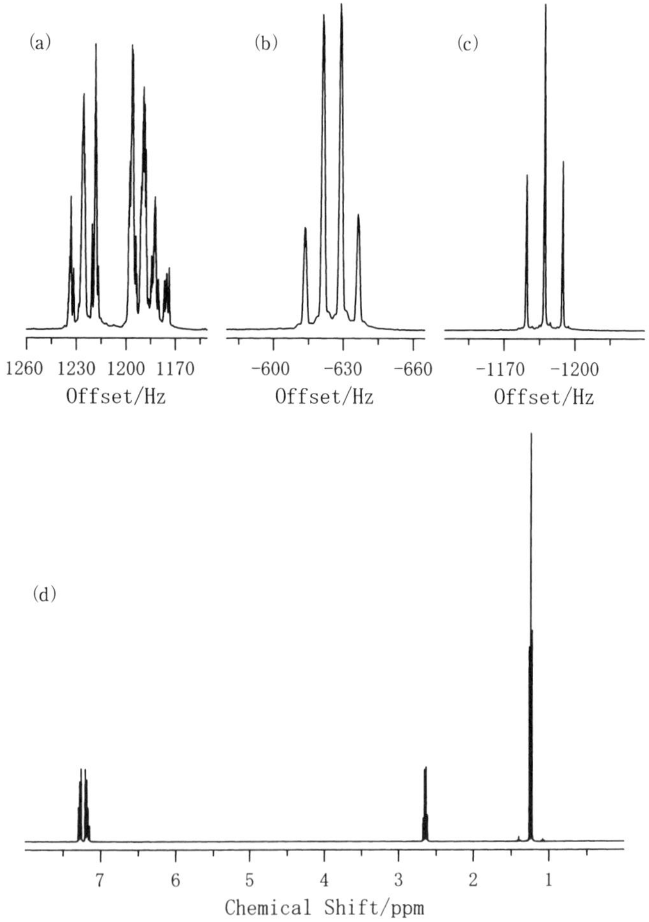

図4.5 (a)～(c) 図4.4(b) のスペクトルの各部位の拡大図，
(d) 図4.4(b) のスペクトルの横軸を ppm 単位で表したもの

測定周波数は60 MHzだから，化学シフトの値は $-177.7(\mathrm{Hz}) \div 60{,}000{,}000(\mathrm{Hz}) = -2.96 \times 10^{-6}$ という無次元の数になる．10^{-6} は通常 ppm（parts per million：100 万分の 1）と表記するので，この場合の化学シフトは -2.96 ppm となる．(b)で同じ計算を行うと $-1184.6 \div 400{,}000{,}000 = -2.96 \times 10^{-6}$ となり ppm では同じ値になることがわかる．ここで「なにかおかしい！」と気づく読者もいるはずである．つまり，測定周波数の場所（化学シフト＝0 の位置）を異なる磁場でどのように一致させればよいのかということが疑問になる．それは中心の周波数位置を 0 とするのではなく，試料に基準となる物質を入れてその水素の信号の位置を 0 ppm として計算することで解決される．つまり，

ある核の化学シフト＝(その核の周波数－基準物質の周波数)÷基準物質の周波数

このように，化学シフトを同じ基準物質を用いて ppm で表すことで，磁場の強さの異なった装置で測定した結果を比較することが容易になる．有機物試料の水素の NMR の基準としては，たいていの場合，テトラメチルシラン（TMS）という物質の水素の信号を 0 ppm として用いられている．図 4.4(b)のエチルベンゼンの 9.4 T でのスペクトルを TMS を基準にして横軸を ppm にしたものを図 4.5(d)に示す．

4.3　NMRスペクトルからわかること

化学シフトは核のまわりの電子が磁場を打ち消すような新たな磁場をつくるために生じると説明されている（図 4.6）．

核が受ける磁場 = 外部よりかけた磁場 − 電子がつくる磁場

となる．単純にいって，核のまわりの電子が多いほど電子のつくる磁場は強いので，核が感じる磁場は弱くなる．したがって，周波数が低いところ（スペクトルの右側，化学シフトの小さい方）に信号が現れる．CH_3 基の水素の信号が低周波数側に現れるのはそのためである．一方，芳香環の水素が CH_3 基などより高周波数側に現れるのは，芳香環の π 電子が環内部を貫く磁場を打ち消すように流れ，H のある環の外側には逆に磁場が加算されるためであると説明されている．代表的な官能基のおおよその化学シフト値はほぼ一定であり，NMR の教科書などでそのような表を見つけることができる．また，ある核の化学シフト値を

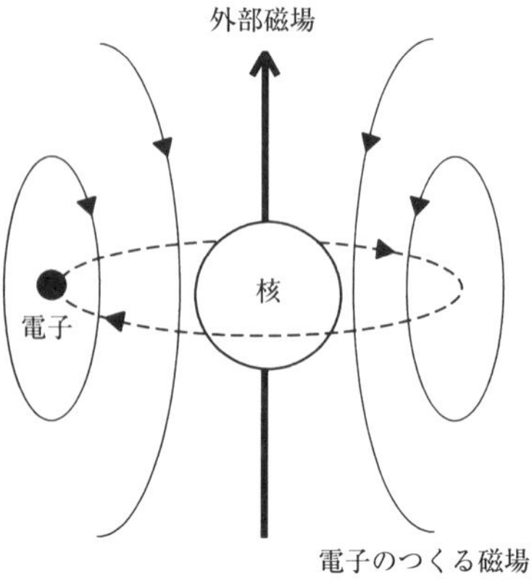

図 4.6　核のまわりの電子が外部磁場を遮蔽する割合がいろいろな官能基により異なるために「化学シフト」が生じる

その核に置換した官能基などより経験的に求める式も提出されている．このように，NMR 信号の位置より，分子がもつ官能基を推定することができる．

図 4.5(a)～(c)に，9.4 T で観測したエチルベンゼンの各官能基の拡大スペクトルを示す．各々の官能基のスペクトルは特徴的な分裂を示している．(a)の CH_3 は強度 1：2：1 の 3 本の分裂を示し，図 4.4(a)と比較すると，その分裂幅は測定した磁場の強さに依存しないことがわかる．この分裂は，隣の炭素に結合している CH_2 基の二つの水素とのスピン-スピン結合（spin-spin coupling）と呼ばれる相互作用（J 相互作用とも呼ばれる）で生じている．この相互作用により，水素の信号は隣接基に n 個の水素があると $(n+1)$ 本に分裂し，その強度比は $(a+1)^n$ の展開係数で与えられる．たとえば，CH_3 の水素の信号の 1：2：1 の分裂（J 分裂）は隣に二つの水素があることを示し，分子構造が未知の場合には，CH_2 基が隣にあることの手がかりになる．また，CH_2 基のスペクトルの強度比 1：3：3：1 の分裂は隣に三つの水素，つまり，CH_3 が存在することを示している．ベンゼン環には 5 個の水素が互いに隣りあって並んでいるので，(a)のような一見複雑な分裂スペクトルを示すが，上記のような規則に従った簡単な計算によってこの分裂を解析することができる．このように，水素間の相互作用がスペクトル上に分裂として現れるために，それを解析することで置換基の並び（分子構造）を得ることが可能である．また，水素の NMR スペクトルの強度（面積）はその水素の数に比例している．たとえば，エチルベンゼンのスペクト

ル(d)で面積を計算すると，左から5：2：3の強度比が得られ，各々の部分スペクトルの帰属の手がかりになる．このように，試料の水素のNMRを測定するだけで，化学的に異なる水素核の種類やつながりやその存在比が得られる．さらに各々の吸収線の線幅や各吸収線の細かい分裂の解析により，各水素核の運動に関する情報や分子の構造に関する知見が得られる．

さて，ここで水素核のNMRスペクトルからどのようにして分子の構造を求めていくのかを，簡単にやってみよう．まず，NMRスペクトル（図4.5(d)）を眺めると，TMS基準で約1.2，約2.6，約7.2 ppmあたりに信号があることがわかる．これらの化学シフトの値を教科書にある化学シフトの表と比べると，1.2 ppmのものには，脂肪族，アルキル−NHなどの水素が，2.6 ppmのものには置換脂肪族などの水素が，7.2 ppmのものには，アミドや芳香族の水素が対応していることがわかる．スペクトルを拡大してみると，1.2 ppmのものは(図4.5(c))，対称的な1：2：1の強度比のJ分裂を示しているために，隣接基に2個の水素をもつCH_2やNH_2などが結合しているのではないかと考えられる．同様に2.6 ppmのものは（図4.5(b)），対称的な1：3：3：1の強度比のJ分裂を示しているために，隣に三つの水素核が存在することがわかる．先ほどの1.2 ppmの信号の化学シフトはCH_3と矛盾しないために，この2.6 ppmの水素の隣には1.2 ppmに現れたCH_3が存在していると考えて多分よいであろう．さて，スペクトルの強度Iを測定すると，I（1.2 ppmの3本）：I（2.6 ppmの4本）：I（7.2 ppmの複雑な信号)＝3：2：5という整数比で得られることがわかる．1.2 ppmの信号がCH_3であり，強度1が水素1個に対応すると考えるなら，2.6 ppmのものはCH_2であるとしてよいであろう．先ほどのJ分裂のパターンより，これらの二つの基が直接結合しているとわかる．つまり，この分子にはエチル基（CH_3-CH_2-）が存在する．7.2 ppmの5個分の水素は，芳香族のものと考えれば，NMRスペクトルは矛盾なく説明できる．図4.5(a)の複雑な分裂パターンに関しては，ベンゼン環の水素間のすべてのJ結合を考慮することで説明できる．したがって，この分子はエチルベンゼンである！

4.4　多核・多次元NMR測定

もちろん，実際の試料のNMRスペクトルの解析は上のように単純ではない．そこで，複雑な分子の場合には，水素以外の核のNMRや多次元NMRなどを測定し構造決定を行うこともある．たとえば，エチルベンゼンの場合には水素以外にも炭素の NMR を測定することができる．残念なことに，天然に多く存在する炭素核（炭素 12）は磁場中で磁化しないために NMR は測定できないが，1% 程度存在する同位体の炭素 13 は水素核と同様の NMR 測定が可能である．1% しか存在しないなどの理由で炭素 13 の NMR 信号強度は水素の信号の 60 分の 1 程度になってしまい，炭素 13 の NMR 測定は水素の測定より時間がかかる．しかし，炭素 13 の NMR により有機分子の骨格そのものの情報が得られるというメリットは大きいために，炭素 13 の NMR も有力な構造決定法になっている．水素以外の核においても化学シフトと官能基の間の関係は深く，炭素 13 や窒素 15 など有機分子に重要な核についてはよく確立されていて表になっている．

もう一つの強力な手法である多次元 NMR について簡単に解説する．これまでにみてきたスペクトルには周波数軸が一つしかなかった．これを一次元のスペクトルと呼ぶ．多次元 NMR には，周波数軸が多数存在する．図 4.7 に，周波数軸が二つ，つまり，二次元の NMR スペクトルの例を示した．中央の四角い図はスペクトルの強度を等高線として表した，二次元スペクトルの等高線図と呼ばれるものである．この二次元等高線図の左と上に添付している一次元のスペク

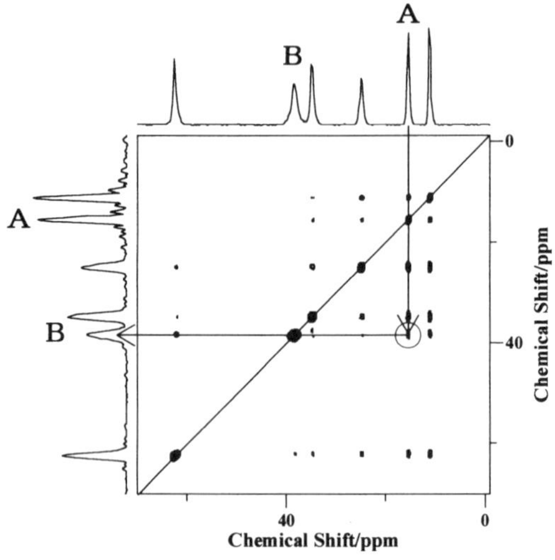

図 4.7　二つの周波数次元をもつ二次元 NMR 等高線スペクトルの例

トルは，各々，縦軸，横軸の周波数に対応するスペクトルであり，等高線図ではこれらの二つの一次元スペクトルの間の「関係」を表している．多次元NMRで得られる「関係」の中で代表的なものは，① 数個の化学結合で結ばれている，② 距離が近い，③ 運動により交換している，といったものである．図4.7に示した例では，縦横のスペクトルは同一のものなので，対角線上の二次元信号はAがAと「関係がある」という当たり前のことを示しているにすぎない．それに対して，対角線上以外の非対角信号は，異なる信号間の「関係」の存在を示している．たとえば，図4.7で丸で示した信号は，一次元スペクトルでAという信号を与える核とBの核の間に関係があることを示す．たとえば，化学結合により非対角信号が出るような測定法の場合には，この信号の存在により，AとBが化学構造上近い位置にあることがわかる．また，距離の大小を得る測定法の場合には，この信号の存在はAとBの距離が近いということを表す．

距離が近いと信号が出るという測定法はいろいろ存在するが，最も用いられている方法は，溶液で水素間の距離を見積もるNOESY（nuclear Overhauser enhancement spectroscopy）と呼ばれる方法である．水素核のNOESY法では，水素間の距離が約0.45 nm以下で非対角信号が出る．そこで，化学結合的に近いと非対角信号が出る測定では信号が出ない水素間に，NOESY法では信号が出たという場合を考えてみよう．このような結果は，化学結合的には遠くにある水素同士が，分子が折りたたまれることにより距離的には近くなっていることを示しており，このような構造情報を積み重ねていくことで，分子の三次元構造を決めることが可能になる．実際に，多次元NMR測定法を駆使してタンパク質の立体構造の決定がさかんに行われている．また，図4.7の例では，縦と横のスペクトルは同じ核の同じスペクトルであったが，たとえば，ⓐ 縦軸を水素のスペクトル，ⓑ 横軸を炭素13のスペクトル，ⓒ 測定する関係は化学結合，という測定を行うと，どの炭素にどの水素が結合しているかが二次元のスペクトルとしてに一目瞭然に示される．また，周波数軸をさらに増やした三次元や四次元の測定なども考えられるであろう．いろいろなⓐ～ⓒの組み合わせが検討されており，構造決定に有用な多数の多次元測定法が開発されている．

4.5 溶液以外の状態の試料のNMR

今まで紹介してきたNMRの測定は，すべて液体（溶液）状態の試料に対するものであった．NMR では，溶液状態以外の試料の NMR を測定することも可能である．たとえば固体の NMR は，固体状態でのみ存在するような鉱物，石炭，繊維などの構造・運動を研究するための有力な手段になっている．また，気体分子の NMR も行われている．例として，図 4.8 に (a) グリシンとバリンというアミノ酸が二つペプチド結合しているグリシルバリンの炭素 13 の固体高分解能 NMR，(b) プラスチックに染み込んだキセノンガス（^{129}Xe）の NMR，(c) 高分子（ポリスチレン）の主鎖の CH 基の水素を重水素（^{2}H）に置換した試料の重水素の固体 NMR スペクトルを示す．これらの気体・固体の NMR スペクトルの温度や圧力変化などの測定により，分子の炭素骨格の構造や運動，高分子固体の隙間構造や主鎖の分子運動などに関する豊富な情報を得ることができる．

図 4.8(a)，(b)のスペクトルは，これまでにみてきた溶液試料の一次元スペクトルと同じようなシャープな線形を示しているが，(c) の固体の重水素のスペクトルは，1 種類の重水素からの信号であるにもかかわらず，広がりをもった特徴的な線形を示している．このような線形は，固体中では分子が固定されていることに由来している．図 4.6 の電子による磁場の遮蔽をもう一度考えてみよう．図 4.6 では核のまわりの電子の分布の形状については特に考えに入れていなかった．実際には，核のまわりの電子の分布は分子の構造を反映してゆがんでいる．したがって，電子の厚みは方向依存性をもつであろう．そのために，磁場と分子（電子分布）の相対配向が変われば遮蔽の大きさも変化する．たとえば，ベンゼンの炭素（C－H）を考えると，C－H 結合軸に平行に磁場がかけられた場合と，ベンゼン環に垂直にかけられた場合では，C－H 軸に平行に磁場がかかっている場合の方が，炭素の遮蔽は小さい．つまり，信号は左の方に現れる．このように，ある核の化学シフトの値は磁場と分子の相対配向に依存する．これを化学シフトの異方性と呼ぶ．溶液で化学シフトの異方性が観測されないのは，溶液中での分子の速い回転運動により核が感じる異方的な化学シフトが平均化されているからである．固体ではどうなるであろう．単結晶試料では，化学シフト異方性により結晶と磁場のなす角に応じて信号の出る位置が変化する．粉末試料では，各々の微結晶からの信号の重ね合わせとして，化学シフト異方性による粉末パターンと呼ばれる特徴的広がりを示す信号が現れる．図 4.8(c)の重水素のスペクトルはそのようなパターンの一種であり，四重極相互作用の異方性による典型的

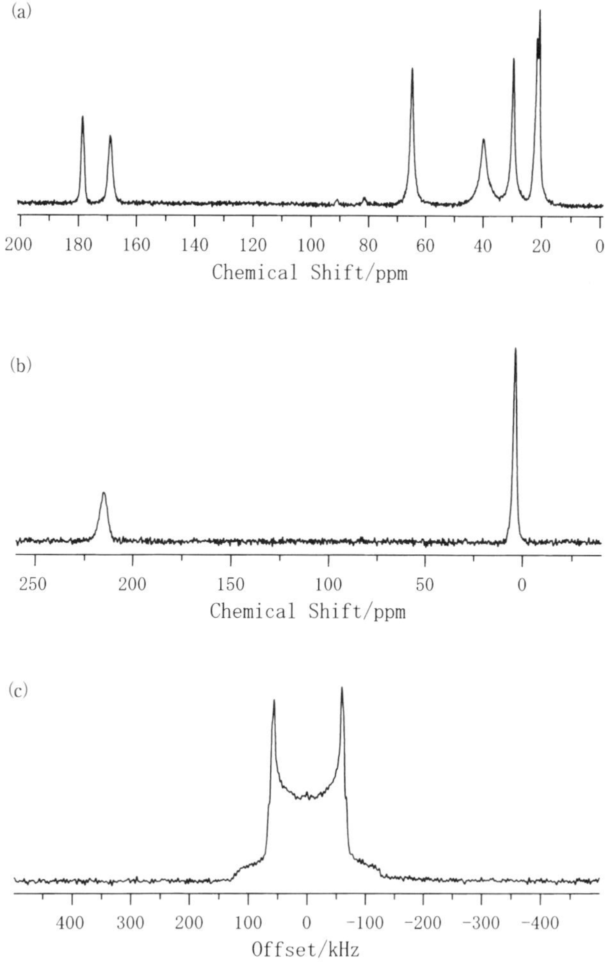

図 4.8　種々の NMR スペクトル

(a) ^{13}C の固体高分解能 NMR スペクトル．試料はグリシルバリンというジペプチド．(b) 固体のポリビニルアセテートに染み込んだキセノンガス（^{129}Xe）の NMR スペクトル．(c) ポリスチレンの主鎖の水素を重水素で置換した試料の固体重水素 NMR スペクトル．

な粉末パターンを示している．ところで，図 4.8(a)の炭素 13 の固体スペクトルは粉末パターンではなくて，溶液のようなシャープな信号を与えている．これは，試料を磁場の中で高速に回転することで人為的に平均化を行って観測するテクニックを用いているからである．先に出てきた化学シフト異方性や四重極相互作用以外にも，固体NMRでは，双極子相互作用と呼ばれる核磁化間の相互作用なども観測することができる．溶液NMRでは平均化されてしまって観測できないこのような量は邪魔なものではなく，むしろ構造や運動を研究するよい手がかりになりうる．そこで，これらの相互作用を人為的に消去したり，また復活したりする手法は，数多く開発されている．これらの手法を多次元NMR法などと巧妙に組み合わせた手法を用いることにより，固体における分子の構造や運動などを精度よく決定することができる．

1946年にパーセル（Purcell, 1912～）やブロッホ（Bloch, 1905～1983）らのグループによって初めてNMR信号の検出が行われて以来，高分解能化，フーリエ変換の導入，パルス法，多次元NMR法，多量子NMR法などの幾多の画期的な手法の開発による発展があり，今やNMR法は化学や物理学の分野を飛び出して，人体の観察（磁気共鳴イメージング：MRI）などにも用いられるようになっている．今後はさらにその応用分野を広げ，従来のその分野の「定番」分析法をNMRのもつ圧倒的な情報量で凌駕していくと期待している．たとえば，地磁気を用いた地中の石油の探索，固体触媒表面の有機分子の構造決定，複雑な生体複合分子の構造解析など，NMRの応用分野を拡大する努力が行われている．一方，NMRのもつ欠点の一つである信号の弱さを克服する努力も，次のbreakthroughをもたらすためには必要であり，さまざまな信号強度増大手法の研究がなされている．NMRの最初の検出以来半世紀が経った今日でも，「一つ一つの原子のつぶやきをNMRで聞き出す」ことを夢見て，研究者は努力を続けている．

用語解説

核スピンと核磁気

多くの原子核は，核スピンと呼ばれる核運動量をもっている．核スピンの大きさは，核スピン量子数Iを用いて$\sqrt{I(I+1)}\hbar$（$\hbar$：プランク定数）で与えられる．核スピンIの核は$\mu=g_N\beta_N I$の磁気モーメントをもち，これが核磁気を与える．ここで，β_Nは核磁子で，5.05×10^{-27} J/T，g_Nは核種によって異なる値をとる．したがって，核は小さな磁石のように振る舞い，磁場中では核磁気モーメントと磁場との相互作用のため，核スピン状態のエネルギーが分裂する．$I=1/2$の核（プロトンおよび^{13}C）

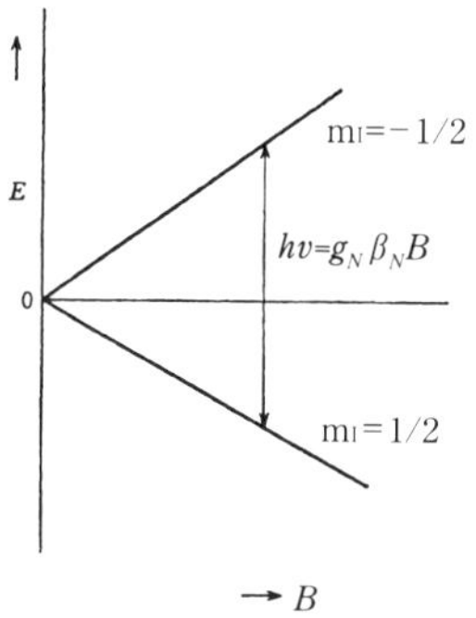

図1 $I=1/2$ の核と磁場との相互作用によるエネルギーと磁場の強さとの関係

の場合，核スピンの異なる状態は図1に示すように磁場の強さ B に比例して分裂し，$I=1/2$ の場合，$g_N\beta_N B$ の分裂となる．この分裂したエネルギー準位の間の遷移によるラジオ波の吸収を観測するのが核磁気共鳴（NMR）である．本章では核磁気モーメントを小さな磁石で表すモデルで NMR の説明がされている．

コーヒーブレイク④

原子の実在性とアヴォガドロ数

原子・分子の実在を化学者に納得させたものは何であったであろうか．19 世紀末から 20 世紀の初めにかけての物理学者たちによるいくつかの発見は重要であるが，原子の存在を示し，アヴォガドロ数（N_A）を決定することに執念を燃やして研究したフランスの科学者ペランの貢献は大きい．アインシュタイン（1905 年）とスモルコフスキー（1906 年）はブラウン運動を行う粒子の拡散を分子運動論に基づいて計算した．ペランはコロイド粒子のブラウン運動を顕微鏡下で観察してその拡散による変位を測定し，それが分子運動論から予測される結果と一致することを示し，拡散係数から N_A を決定した．また，コロイド粒子の沈降平衡下の分布からも N_A を得たが，これはブラウン運動の測定から得たものとよく一致していた．彼はさらに分子運動論に基づいて計算されるさまざまな物理量から異なった方法でアヴォガドロ数を決定し，それらがすべてよく一致することを示した．1913 年に出版された彼の著書『原子』には，13 の方法によって独立に決定されたアヴォガドロ数がリストされているが，これらは $(6.0 \sim 7.5)\times10^{23}$ の範囲にあり，13 の値の平均は 6.6×10^{23} である．このようにして，原子の実在とそれに基づく分子運動論の正しさは，誰の眼にも疑いのないものになった．さしも強硬な反原子論者のオストワルドもようやく納得したと伝えられている．

5

表　面
—もう一つの物質相—

5.1 表面が大切なわけ

われわれの身のまわりはモノであふれ返っている．石ころ，ガラス，金属，プラスチック，…….ところが，よく考えてみると，われわれはそれらのモノの内部を直接みることはできない．たとえば，石の内部を調べようとしてパカンと割ってみる．ざらりとした手触り，細かな組織．しかし，そのときわれわれが目にするのはもはや「石の内部」ではない，新しい表面なのである．われわれは，いつも表面を通してモノと交流している．

原子・分子の世界では，表面はいっそう重要である．身のまわりを見渡しても，さまざまな表面の上で化学反応が進行していることに気づく．鉄釘のさびつき，電池の電極反応，自動車の排ガス浄化触媒，台所のガス漏れセンサーなど．さらに化学工場では，さまざまな固体触媒が，用途に応じて使い分けられている．これらの化学反応はすべて表面で進行しているのである．

また，一見，化学とは無縁に思える半導体集積回路の世界においても，今や表面における化学反応が非常に重要である．素子の高集積化が進むにつれ，小さな空間スケールで加工を行わなくてはならなくなっている．最新の半導体デバイスの最も大事な部分は，今や数 nm の厚さしかない．このように微細な構造は，表面上での化学反応を巧みに制御することによって初めて作製可能なのである．

このように，物質の表面は，化学反応の進行する場として非常に重要なものであり，その反応機構や表面の果たす役割について，長く研究が進められてきた．

一方，近年，走査トンネル顕微鏡などの発達により，物質表面の原子一つ一つを調べることができるようになってきた．そしてその結果，表面ではしばしば非常に奇妙な「物質」が生成することがわかってきた．

表面における化学反応などの結果として，数原子層くらいの非常に薄い層状の物質ができることがある．それらの多くは，対応する化学組成・原子配列を有する三次元固体が存在しないことから，表面にのみ存在しうる物質――「表面物質」と呼ばれる．物質の基本的な性質は，その物質の次元性に関係することが多いが，表面物質の重要な特徴は，三次元物質に貼り付いた二次元物質という風変わりな次元性をもつことにある．このような風変わりな次元性が，物質としてのどのような性質を導くかという問題は，たいへん興味がもたれるところである．

本章では，このようにさまざまな側面から関心を集めている「表面」の化学について述べることにする．

5.2 原子レベルでの平坦な表面のつくり方―難しそうで実は簡単―

われわれの身のまわりの物質の表面はでこぼこしている．一見したところピカピカの鏡面であっても，凹凸のスケールが可視光の波長（400～700 nm）よりも小さいというだけである．研磨剤の粒子はせいぜい 100 nm くらいであるから，原子の大きさ（0.3 nm くらい）のスケールで平坦にすることができるとは考えにくいであろう．

また，表面層の化学組成が固体内部と同じであるということもいえない．空気中の酸素と反応しやすい物質，たとえば金属であれば，通常，その表面は酸化物の層で覆われていると考えられる．

このように，物質の表面は原子レベルでみれば非常に複雑なものである．

しかし，複雑なものを複雑なままにしていてはなにもわからない．表面の様子や性質を科学の言葉で明らかにするには，まず出発点としてなるべく単純なモデル系をつくる必要がある．できれば，欠陥のない完全な結晶を用いて，原子レベルで平坦かつ清浄な表面をつくりたい．それははたして可能であろうか．

理想的に近い平坦な表面をつくるには，さまざまな工夫が必要だが，基本的には次の 3 要素が重要である．

① きわめて良好な真空環境

② 表面の不純物を除去する方法

③ 表面を平坦にする方法

どんなに清浄な表面をつくっても，すぐに気体が吸着してしまってはならない．表面に衝突した気体分子がすべて吸着すると仮定すると，1×10^{-4} Pa においてちょうど 1 s で表面がすべて吸着分子により覆われてしまう．そこで，清浄表面の実験的研究は，10^{-8}～10^{-9} Pa の超高真空で行われている．これなら，少なくとも数時間は，清浄な状態を保つことができる．

高純度の単結晶であっても，大気中ではその表面は酸化物やその他の不純物の膜で覆われている．これを除去するためには，高エネルギーの希ガスイオンビームを照射して表面層を削り取ってしまう方法や，低圧の気体との化学反応を利用する方法がある．

さて，原子レベルで平坦な表面をつくるにはどうしたらよいか．

図 5.1 は，パラジウム単結晶の(100)結晶面からわずかに傾いた表面の走査トンネル顕微鏡像である．全体の視野は 200 nm×170 nm である．原子レベルで平坦な部分が数十 nm 幅で広がり，0.2 nm つまり 1 原子層高さの段差（原子ステップ）がおよそ等間隔で並んでいることがわかる．これは，大気中で研磨した後，超高真空中で不純物を除去してから，約 1,200 K に加熱した表面である．実は，原子レベルで平坦な表面をつくるには，この加熱処理が効果的なのである．そして，このことは，物質表面というものの特徴を表している．

固体内部の原子の場合，融点より低い温度であれば，安定位置から離れて動き出すことはない．ところが，表面においては，結合の一部が失われているために，固体内部の原子に比べて不安定であり，融点より低い温度で動き出す．表面上を動き出した原子は，なるべく配位数つまり結合手の数を増やした方が安定になるので，おのずと，密に詰まった平坦な表面を形成するのである．

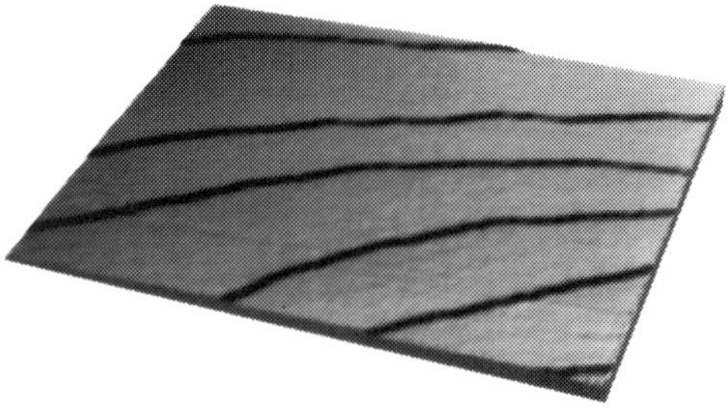

図 5.1　パラジウム結晶表面の走査トンネル顕微鏡像（200 nm×170 nm）

物質表面において化学結合の一部が失われているということは，表面の科学において重要なポイントである．それは，表面において特有の原子配列や電子状態が形成されることにもつながるし，後で述べるように物質表面が示す触媒作用の起源でもある．

また，図 5.1 の走査トンネル顕微鏡像でもみられるように，実際の表面は，原子ステップなどの表面格子欠陥を含んでいる．これらの表面格子欠陥は，表面化学反応などでときとして重要な役割を果たすことが知られている．これは，表面格子欠陥のところの原子の配位数が，平坦表面の原子と比べてさらに小さくなっていることに由来している．

5.3 表面再構成—清浄な表面でみられる奇妙な現象—

固体を二つに分割すると，新しく表面が生成する．このときに必要な，単位面積あたりのエネルギーを表面エネルギーと呼ぶ．化学結合のエネルギーは，およそ $1\,\mathrm{eV} \sim 100\,\mathrm{kJ\,mol^{-1}} \sim 10^{-19}\,\mathrm{J}$ 程度の大きさである．また，原子の大きさから，表面の原子密度はおよそ $10^{19}\,\mathrm{m^{-2}}$ となる．よって，表面エネルギーは大体 $1\,\mathrm{J\,m^{-2}}$ 程度であることがわかる．

表面の原子配列が異なれば，表面エネルギーも異なる．固体内部に比べて結合の一部が失われている表面では，より安定になるように——すなわち，表面エネルギーが最小になるように，結合の組み替えや原子配列の変動が起こる．

金は面心立方構造であり，その(100)結晶面は図 5.2 のように正方格子であると予想される．しかし，実際にこの表面の原子配列を調べてみると，最表面の 1 原子層だけが稠密な六方格子の原子配列をとり，あたかも(111)結晶面のようになっていることがわかる．表面において化学結合が失われるのを，稠密原子配列をとることによって補うのである．このように，表面において，固体内部と異なる原子配列が現れる現象を表面再構成と呼ぶ．

表面再構成は，金属の表面ではあまり多くはみられない．これは，金属中での化学結合が主に自由電子によって担われており，電子分布のみの緩和により表面エネルギーをうまく小さくすることができるためであろう．図 5.2 の金表面の表面再構成は，電子分布の緩和に伴って原子の変位までもが引き起こされている例である．一方，共有結合性物質の表面は，ほぼすべて表面再構成を起こす．これは，共有結合が方向性を有するためで，表面エネルギーを低くするためには，新

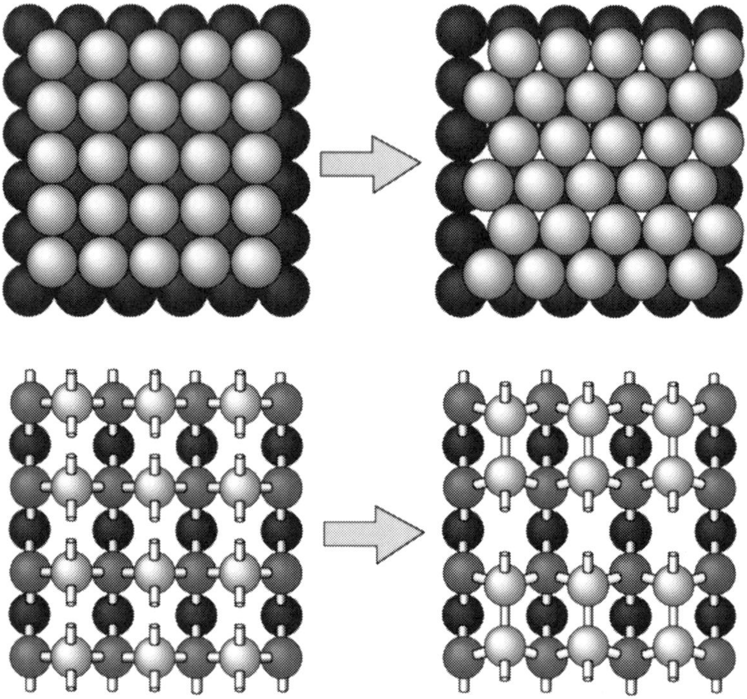

図 5.2　金(100)表面（上）とケイ素(100)表面（下）の表面再構成

しい結合をつくったり，組み替えたりすることが不可欠だからである．

ケイ素の表面のさまざまな性質は，半導体電子工学などの応用上たいへん重要なのでよく調べられているが，その原子配列は，固体内部のダイヤモンド型構造とは異なるものになる．ケイ素の(100)結晶面の原子配列を図 5.2 に示す．ダイヤモンド構造を保ったままでは，表面原子あたり 2 本ずつの結合手が余ってしまうが，隣同士で新たな結合をつくることにより，空の結合手の数を半分に減らしている．ダイヤモンドの(100)結晶面も同様な原子配列である．また，ケイ素の(111)結晶面では，はるかに複雑な表面再構成が起こる．ダイヤモンド構造を保ったままの場合の 49 倍の大きさの単位格子をもつ複雑な構造を形成することにより，空の結合手の数を 40% 以下に減らすのである．

5.4　触媒反応—表面化学反応の例—

さまざまな化学反応を促進するために触媒が用いられている．触媒のはたらきを一言でいえば，気相や液相におけるのとは異なる反応経路（より小さい活性化エネルギーをもつ経路）を提供することにより，化学反応を低温で速やかに進行させることである．

一例として，歴史的にも重要なアンモニア合成触媒についてみてみよう．

窒素はアミノ酸やタンパク質を構成し，生命にとって必須の元素である．大気の約 80% を占める窒素分子は非常に安定で，そのままでは生物は利用することができないが，植物の根粒菌のもつ窒素固定酵素のはたらきや大気中での放電（雷）により，アンモニア，硝酸イオンなど生物が利用できる形態に変換される．これらは食物連鎖などにより生命の世界を循環し，バクテリアのはたらきにより，窒素分子として非生命界に帰る．自然界におけるこのような窒素サイクルでは，19 世紀末からの人口増加を支えることはできなかった．つまり，必要とされる農業生産を行うために，人為的な方法で大気中の窒素分子をアンモニアなどに変換すること（窒素固定）が必要になったのである．

三重結合で結び付いた窒素分子の結合解離エネルギーがきわめて大きい（942 kJ mol^{-1}）ため，窒素と水素からアンモニアを生じる反応（$N_2+3H_2 \rightarrow 2NH_3$）は，気相では，事実上進行しない．これに対して，ハーバー（Haber, 1868～1934）

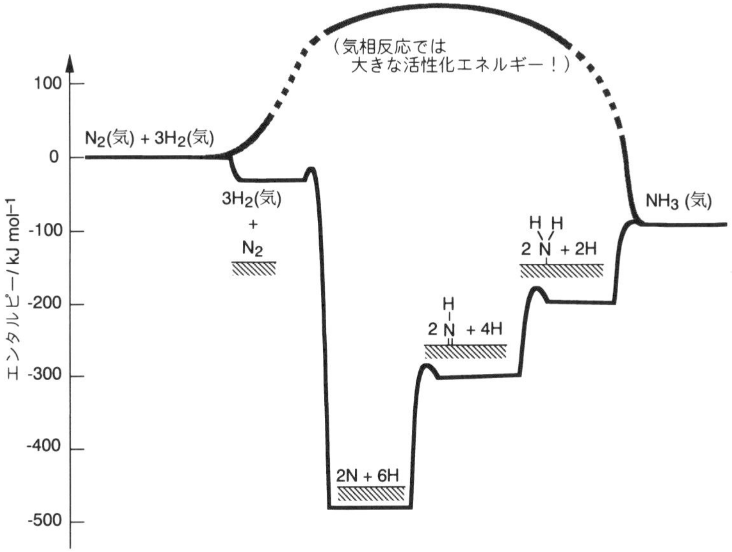

図 5.3 鉄触媒上のアンモニア合成反応のエンタルピー変化

は，1908年に，鉄を主要な成分とする触媒を用いることにより，アンモニア合成に成功した．

鉄触媒でアンモニア合成反応が進行する最大のポイントは，窒素分子の解離が促進されることにある．鉄表面への N_2 分子の吸着エンタルピーは 40 kJ mol^{-1} と比較的大きい．このため，高温の反応条件であっても，窒素分子の表面滞在時間が長くなる．さらに，吸着した N_2 分子の解離の活性化エネルギーは，約 10 kJ mol^{-1} ときわめて小さく，このため，表面上に N 原子が生成する．こうして生じた N 吸着原子は，H_2 分子の解離吸着により生じる H 原子と段階的に反応して，NH 種，NH_2 種を経て，NH_3 として気相に脱離するのである．

鉄触媒によるアンモニア合成反応のエネルギーの変化を図 5.3 に示す．触媒のはたらきの核心は，表面原子の化学結合が失われているため，気相から飛来する分子を吸着させたり，解離させたりすることができるということにある．

5.5 表面化学反応の素過程

触媒反応などの表面化学反応を，素過程に分けて考えるとすると，以下のようになる．

まず，気相の分子が固体表面に吸着する．吸着は，ファンデルワールス力による弱い吸着（物理吸着と呼ぶ）と，化学結合による強い吸着（化学吸着）とに分類される．化学吸着は，さらに，分子がその形状を保ったまま吸着する分子状吸着と，分子内結合の開裂を伴う解離吸着に分けられる．

吸着した分子や化学種は，十分低温では特定の安定吸着位置にとどまるが，温度が上昇すると，熱的活性化により，表面上を動き回る．さらに高温では，あるものは他の吸着種と反応し，またあるものは分解したり，表面そのものと反応したりすることもあるし，表面から固体内部に吸収されることもある．それから，気相に脱離するものもある．

表面における化学反応は，これらの多様な素過程が絡まりあった複雑なものであるから，その全貌を理解するには，まず第一に，各々の素過程を詳しく調べることが必要である．

吸着についてみると，まず，ある分子が化学吸着するときに，解離吸着と分子状吸着のいずれが起こるかという問題がある．遷移金属の表面への，室温における窒素分子，一酸化炭素分子などの吸着様式を系統的に眺めると，周期表の左側

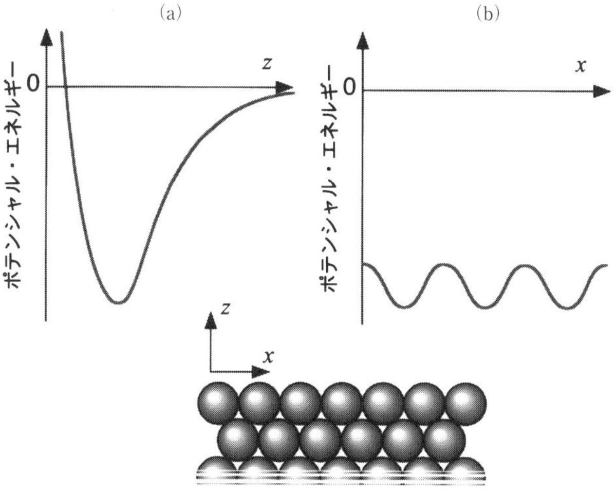

図 5.4　表面垂直 (z) 方向と表面水平 (x) の吸着分子のポテンシャルエネルギー変化

の元素では解離吸着が容易に進むのに対し，右側の元素では分子状吸着が選択的に起こる．本書の範囲をこえるのでここでは詳しく述べないが，これは，金属固体の電子状態に基づいて定性的に理解することができる．

吸着した分子や原子の運動については，図 5.4 のような模式的なポテンシャルエネルギーに基づいて考えることができる．表面垂直方向でのポテンシャルエネルギー変化は，(a)のように，一つ以上の極小をもつ曲線で表される．極小の位置が安定吸着構造に対応する．一方，表面平行方向のポテンシャルエネルギー変化は，(b)のように，表面の原子配列の周期性を反映して周期的に変化する．極小点から隣の極小点への移動は，ある吸着位置から隣の位置に移動することを表す．表面平行方向のエネルギー障壁の高さは，脱離のエネルギー障壁に比べると小さいことが多い．そのため，温度が高くなると，まず，吸着種は表面平行方向に運動するようになり，さらに高温になると，脱離する．吸着分子のポテンシャルエネルギーが実際にどのようになっているかは，吸着分子の振動スペクトルなどから調べられている．吸着種の表面平行な運動については，実験的に追跡するのが困難なので，これまでのところよくわかっていない．しかし，一つ一つの吸着種をみることができる走査トンネル顕微鏡などの技術により，今後少しずつ明らかにされていくであろう．

吸着分子間には，引力や斥力の相互作用がはたらくこともある．たとえば，一

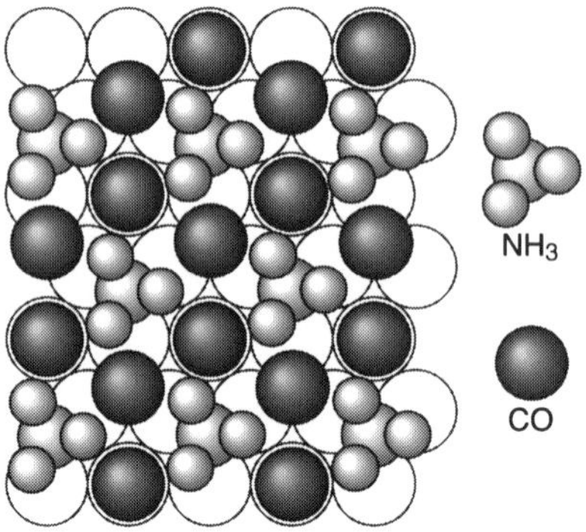

図 5.5　ルテニウム(001)表面上に規則配列したアンモニア分子と一酸化炭素分子
アンモニア分子はN元素で，一酸化炭素分子はC原子で表面と結合する．

酸化炭素分子とアンモニア分子をルテニウム(001)表面に吸着させると，図5.5のように規則的に配列した混合吸着層が生成する．一酸化炭素分子は，遷移金属表面への吸着では電子を引き寄せるタイプの結合で吸着するのに対し，アンモニア分子は孤立電子対を通して表面に電子を与えるタイプの結合で吸着する．アンモニア分子と一酸化炭素分子が交互に配列することにより，各々の吸着結合を強めあうことになり，それがこのような構造をもたらしていると考えられる．別の言い方をすると，一酸化炭素分子とアンモニア分子との間に引力相互作用がはたらいているといえる．このような吸着分子間相互作用も，表面化学反応の重要な因子である．

5.6 「表面物質」とはなにか

上に示した一酸化炭素とアンモニアの混合吸着層と同様に，いろいろな組み合わせの原子・分子同士で，規則配列した混合吸着層が形成されることが，最近わかってきた．さらに，ときには，物質表面の原子自身も吸着原子・分子と反応して，表面特有の層状物質をつくることがわかってきた．

これらの二次元的な層状物質は，対応する三次元物質を「薄切り」にしたものととらえることはできない．構造の点でも，熱的安定性，電子状態などの点でも，基盤となる表面の影響を受けているし，そもそも表面でなければ存在することができないからである．このような物質を表面物質と呼ぶ．表面物質について

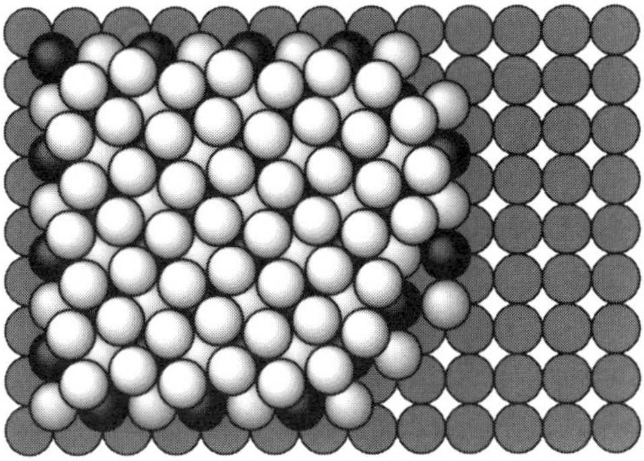

図 5.6　パラジウム(100)表面上に形成される2原子層厚さのAl-Pd表面合金

の実質的な研究が始まったのはごく最近のことである.

表面物質の一例として，金属の表面に単原子層程度の量の異種金属を加えたときに生成する「表面合金」がある．たとえば，パラジウム(100)表面にアルミニウムを吸着させ，熱処理を加えると，清浄なパラジウム表面の上にちょうど2原子層の厚さの台地状に表面合金が形成される（図5.6)．この表面合金は，高温ではパラジウム表面上を拡散したり，二つ以上が合体して成長したりすることが，走査トンネル顕微鏡によって直接観察されている．また，この表面合金の上に水素分子は解離吸着するが，その結果生じる吸着水素原子は，パラジウムやアルミニウムの表面上の水素原子とは異なる，奇妙な振る舞いをすることがわかってきた.

パラジウムなどの遷移金属とアルミニウムの合金粉末は，ラネー触媒と呼ばれ，オレフィンなどの水素化反応に使われている．このような触媒に用いられる粉末の最表面を調べることは非常に難しいので，この触媒におけるアルミニウムの役割はよく理解されていないが，もしかすると，先に述べた表面合金こそが触媒としてはたらいているのかもしれない.

一酸化炭素と水素からメタノールを合成する反応に対して，酸化亜鉛と銅からなる触媒が有効である．この触媒も微粉末なので，真の活性を担っている部分がどのような組成の物質であるかはわかっていないが，銅と亜鉛からなる表面合金こそが触媒としてはたらいているのではないかという説が検討されている．このように，表面合金の研究はまだ始まったばかりだが，今後の研究により，触媒のはたらきについての新しい理解をもたらすかもしれない．

表面物質は，触媒化学との関係でのみ注目されているわけではない．表面物質の一つの特徴は，その特異的な次元性にある．物質の性質のうち，電気伝導や磁性などは，その物質の次元性に依存する．特に，一次元，二次元など低次元的な広がりをもつ物質は，奇妙な性質を示すと考えられている．表面物質は，まさにこのような低次元物質としての特徴を示すことが，最近明らかにされつつある．

ケイ素の(111)表面にインジウムを吸着させると，ケイ素表面の原子配列が大きく変化するとともに，インジウム原子が幅1nmほどの一次元的な帯状構造をつくる．室温では，このインジウムの帯は金属的であり，自由電子が一次元方向に沿って動き回っている．この表面を100Kほどに冷却すると，インジウムの帯の電子密度が，周期的な濃淡をつくり，もはや電子は自由に動き回れなくなってしまう．電子密度の周期的な濃淡を，電荷密度波と呼ぶ．この現象は，低次元系で，自由電子の運動と結晶格子振動が結び付いたときに起こるもので，1950年代に理論物理学者のパイエルス（Peierls, 1907～1995）が予言した．

銅の(100)表面に吸着したインジウム原子層においては，350K付近で相転移が起こる．走査トンネル顕微鏡像（図5.7）をみると，この相転移では，インジウム原子の原子配列がガラリと変化していることがよくわかる．この相転移の原因は，インジウム原子層の自由電子が電荷密度波と同じような振る舞いをすることにあり，その影響が原子配列にまでも及ぶものと考えられている．つまり，この相転移もやはり，低次元系としての表面物質の性質を示している．

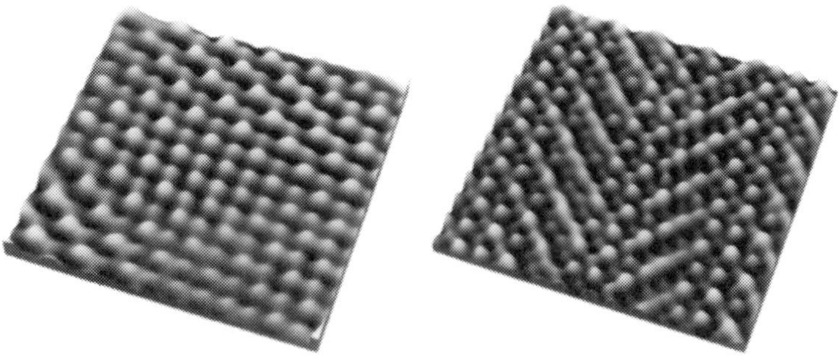

図 5.7　銅(100)表面上のインジウム原子層にみられる相転移
（左）高温相（400K），（右）低温相（300K）の走査トンネル顕微鏡像．

電荷密度波は層状構造をした三次元物質などでもすでに見出されている．表面物質では，走査トンネル顕微鏡によって原子配列や電荷密度の濃淡を直接観察することができるし，電子の状態を調べる光電子分光という強力な実験手法も使えるので，基礎的な研究の対象として適している．このような観点から，最近，興味深い表面物質の探索が進められており，表面化学と低次元系の物理学との新しい接点が開かれつつある．

物質の表面は，固体と分子が出合ってさまざまな化学反応を起こす場として重要であるとともに，低次元的な性質をもった興味深い新物質をつくり出す場としても注目される．さらに，本章では触れなかったが，走査トンネル顕微鏡を加工の道具として用いることにより，原子１個１個を思いどおりに並べて極微小の電子素子をつくろうとする試みもなされている．もしも，そのようなことが実現されれば，ナノテクノロジーという全く新しい分野が，表面を舞台として展開されるかもしれない．物質の表面は，このようにさまざまな可能性を秘めた「もう一つの物質相」なのである．

用語解説

走査トンネル顕微鏡（STM）

走査トンネル顕微鏡はSTMと略称され，チューリッヒIBM研究所のビニッヒとローラーによって発明された．この方法では，鋭い金属探針を試料表面から1 nm程度まで接近させた位置に置き，探針と試料の間にトンネル効果で流れる電流を測定しながら圧電素子を用いて表面に沿った方向に走査して，表面の構造や電子状態を観測する．STMは他の表面観測の手法に比べて格段に空間分解能に優れ，原子のオーダーで表面の状態についての情報が得られるので，きわめて有効な表面研究の実験手段である．

面の表記法：ミラー指数

結晶面を表すのに，通常ミラー指数を用いる．今，図1に示すような結晶格子を考える．結晶面を指定するには，単位ベクトル a,b,c の方向に座標軸をとり，原点に最も近い結晶面が各軸と $a/h, b/k, c/l$ で交差するとき，この結晶面をミラー指数 (hkl) で表す．ここで，h,k,l のうちに分数が含まれるときには，最小共通因子をかけて整数値とする．負の指数のときには $\bar{h}$ のように書く．指数0は結晶面がその軸に平行であることを示す．たとえば，(100)面は図の bc 面に平行な面である．

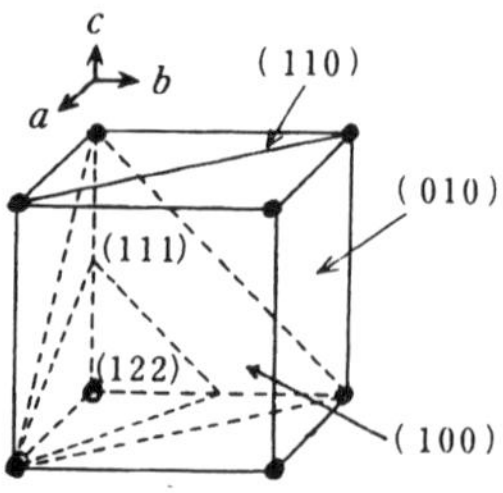

図 1　代表的な面のミラー指数

コーヒーブレイク⑤

ハーバーとアンモニアの合成

窒素と水素とアンモニアの間の平衡は，化学平衡の典型例として高校の教科書にも取り上げられている．この平衡を利用して，空気中の窒素からアンモニアを得ることは，19 世紀末における化学者の野望の一つであった．当時，産業革命後のヨーロッパでは，増大する人口を養う食料の増産は緊急の課題で，そのためには肥料となる窒素源としてアンモニアを工業的に得ることが必要であった．ル・シャトリエは，触媒の存在下で窒素と水素からアンモニアを合成する温度，圧力の条件を考察して 1903 年に特許を得たが，爆発のため工業的にアンモニアを合成することは諦めてしまった．アンモニアの合成に成功するには，この平衡をよく理解するとともに，高圧の技術の開発と適当な触媒を見つけることが必要であった．1908 年にハーバーはドイツの会社 BASF でこの課題に取り組み，すぐに 200 気圧，500℃，オスミウム触媒下で実験室合成に成功した．BASF はただちに金属材料の専門家ボッシュと触媒の専門家ミタッシュの 2 人の優れた技術者をハーバーのプロジェクトに配置し，高圧，腐食に耐える材料とよりよい触媒を探索して開発を進めた．こうして 1913 年には日産 8,700 t のアンモニアを生産するに至った．この成功は，優れた化学者と技術者の協力の賜であり，近代的な意味での「研究・開発」の嚆矢ともいえるであろう．

6
高温超伝導体を合成する
—無機固体化学の広がり—

6.1　無機固体化学から固体物性科学へ

科学の世界に明確な境のないことは明らかである．たとえば，化学の分野においても，有機化学，無機化学，物理化学，分析化学，生物化学などと，多くの化学に分類され，それぞれの教科書が数多く発刊されてはいる．しかしながら，物理化学は化学全体を支配する基本的な原理を研究する学問であり，また無機化学と生物化学との領域にまたがる無機生物化学などという分野もさかんになりつつある．

このような事情は，さらに大きい分類，物理学，化学，生物学，…といった分野でも存在し，ここで例をあげて述べようとしている化学（固体化学）と物理学（物性物理学）が融合された分野，固体物性科学も存在する（図 6.1）．ただそうはいっても，研究者が最初に受けた教育の効果は大きく，ここで述べる研究例は，化学（固体化学）に基礎を置きつつ，物理学（物性物理学）の分野に足を踏み入れた一つの例である．

なお，ここでは固体物性物理の中でも，特に強相関系物質の物理に中心を置いている．固体結晶中の電子は，さまざまな挙動を示す．典型的なアルカリ金属では，金属中を動き回っている電子はほぼ結晶中の原子数と等しく，電子同士は互いを意識せず自由に動き回っている．このような系を，電子相関が弱い系と呼んでいる．

一方，電子同士が互いを強く意識すると，電子は動けなくなり絶縁体となる．このような系は「非常に」電子相関が強い系と呼んでいる．これら両極端の中間

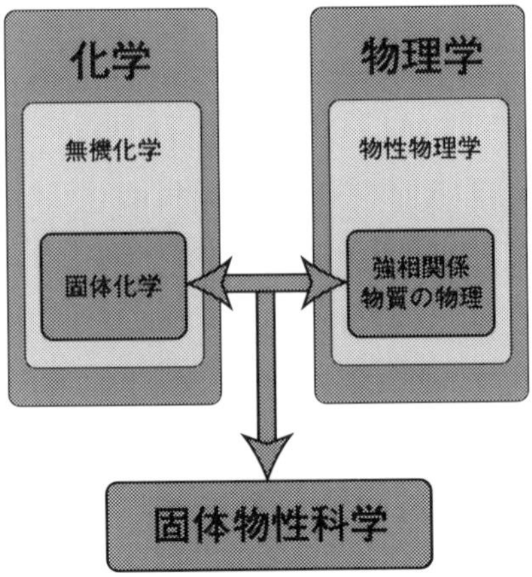

図 6.1 固体化学と物性物理学の融合による固体物性科学

では電子相関の強さが連続的に変化することになる.「強相関系物質」とは，金属と絶縁体の境界に存在する物質で，条件により金属になったり，絶縁体になったりする物質をさす．この境界領域には興味ある物理が存在する．

6.2 新しい超伝導物質の発見

1986 年の 1 月，スイスにある IBM 研究所に所属するベドノルツ（Bednortz, 1950〜）と，ミュラー（Müller, 1927〜）により，画期的な論文が発表された．その内容は，超伝導遷移温度 T_C が 30 K 近傍の物質の存在を示唆するものであった．それまでは，Nb_3Ge（合金）の $T_C=23.2$ K が最高の T_C であったことと，超伝導現象を説明する理論（BCS 理論）より予測される T_C をこえそうだという点で，非常に大きな発見であった．この発見に刺激され，世界中の多くの固体物理，固体化学に携わる研究者が物質探索を行い，その発見の 1 年後には T_C が 100 K をこえる物質も合成された．この「酸化物高温超伝導体」の研究は，現在も続いている．

ここでは，酸化物高温超伝導体に属する Y-Ba-Cu-O 系の物質の一例を取り上げ，その研究のあらすじを紹介する．それを理解するためには，化学および物理の知識を必要とするが，限られた紙数ではそれらを記述することはできない．超伝導（一般に電気伝導も含めて）については，読み物風の本から，研究者向けの本まで数多く出版されているので，参照してほしい．

6.3　Y-Ba-Cu-O 系酸化物超伝導体

まず，図6.2，6.3をみていただきたい．図6.2は，オランダのカマリング・オネス（Kamerlingh-Onnes, 1853～1926）がHg（融点は −38.86℃）を冷やして結晶固体にし，電気抵抗を測定した結果である．約4.20 Kより急激に抵抗が減少し，10^{-5} Ωまでになったことを示している．後になって，電気抵抗は0であることが，別の方法により確定された．この発見は，金属の電気抵抗について

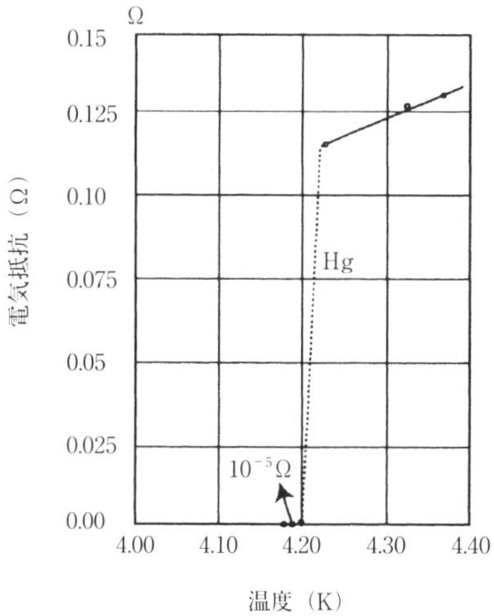

図 6.2　Hgが超伝導転移を起こすことを初めて示したデータ（Onnes, 1911）

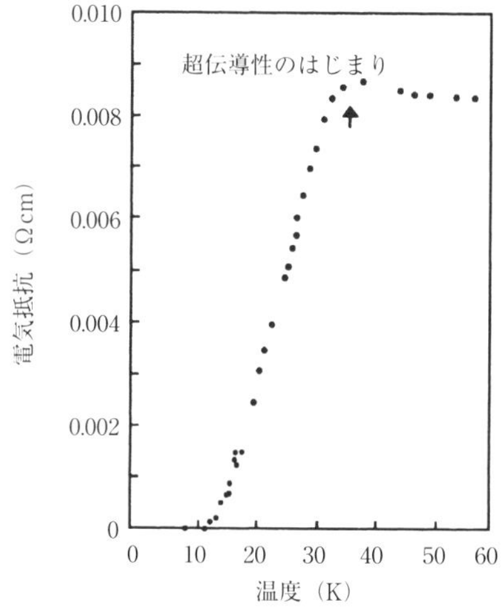

図 6.3　La-Ba-Cu-O系で T_C = 30 Kの超伝導物質の発見（Bednortz and Müller, 1986）

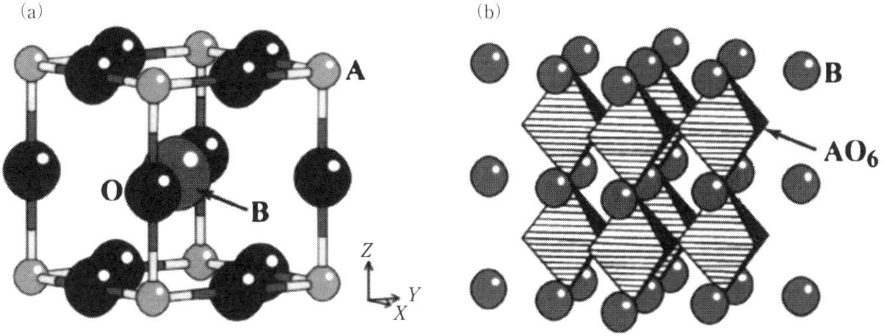

図 6.4　ペロブスカイト型構造
(a) 単位格子，(b) AO_6 八面体の連なり．A = Ti, Cu, …, B = Ba, Sr, Y, ….

それまで考えられていた概念を大きく変える劇的なものであった．その後，オネスは Pb，Sn についても超伝導転移を見出している．

図 6.3 は，オネスの発見からちょうど 75 年後の 1986 年，La-Ba-Cu-O 系で，超伝導らしき物質の存在を発見した論文の図である．論文には，試料が多相であり，超伝導性を示す物質の組成は明示されていない．ただちに，別の研究者により，その組成は $La_{2-x}Ba_xCuO_4$ であることが明らかになった．その後，Y 系，Bi 系，Tl 系，Hg 系などと呼ばれている多くの Cu を含む酸化物超伝導物質が発見された．

ここでは，Y 系を取り上げ，研究の一例を紹介する．Y 系には Y-123，Y-247，Y-124 などと呼ばれている超伝導物質が存在する．これらの基本となる結晶構造は，ペロブスカイト（ABO_3）型構造である．この構造は立方晶（a=b=c）で，単純立方の角に金属（A=Ti，Cu，…），単純立方の稜上に酸素，立方体の中心に比較的半径の大きい金属（B=Ba，Y，…）が位置している(図 6.4(a))．A を中心にして酸素が正八面体に配位しており，図 6.4(b)には A を囲む八面体が描かれている．八面体は，角を共有して *X, Y, Z* 方向に連なっている．

さて，超伝導物質 Y-123 は，組成式 $YBa_2Cu_3O_{7-\delta}(0 \leq \delta \leq 1)$ をもち，その結

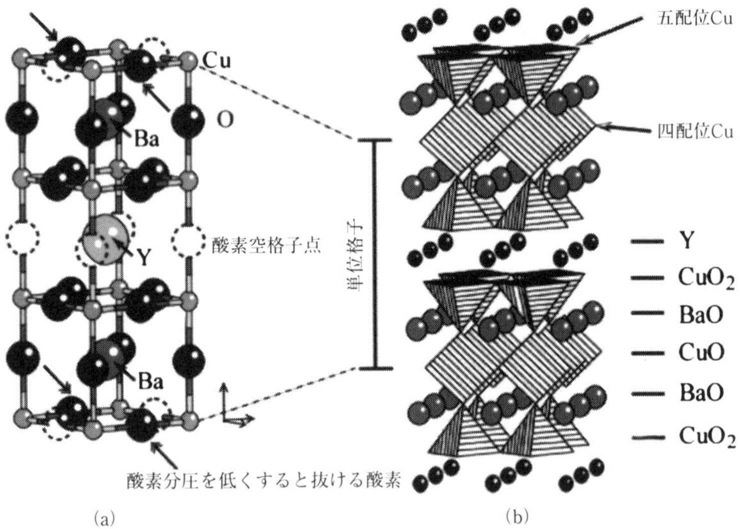

図 6.5　$YBa_2Cu_3O_{7-\delta}$ の結晶構造
(a) 基本的にトリ-ペロブスカイト型構造であることを示す．(b) Cu のまわりの酸素の配位および層状構造であることを示す．

晶構造は基本的にはペロブスカイト型構造の単位格子を3個c軸方向に連ねたものと見なせる．ペロブスカイト型構造のA位置にはCu，Ba位置にはBaとYがBa-Y-Baの順に並んでいる．基本構造のペロブスカイト型構造と比較すると，図6.5(a)の◌の位置の酸素が抜けていることが特徴である．そのため図の組成式は$YBa_2Cu_3O_7$となっている．さらに，矢印をつけた酸素は，合成条件（酸素分圧）により抜け出し，完全に抜け出すと$YBa_2Cu_3O_6$となる．

このような構造は，一般に層状構造と呼ばれ，c軸方向の面の配列は，-Y-CuO_2-BaO-CuO-BaO-CuO_2-Y-…となっている．Cuのまわりの酸素の配位に着目して描いたのが図6.5(b)である．明らかにCuのサイトは2種類存在する．一つはYをはさんだCuで，酸素によりスクエアピラミッド型（五配位）に配位されており，超伝導ブロックと呼ばれている．もう一つは，酸素により平面四配位されたCuで，y軸方向に一次元的な連なりを示しており，電荷調節ブロックなどと呼ばれている．先にも述べたように，CuO面の酸素が抜けるため酸素量が大きく変化し，それに伴って，超伝導転移温度T_Cも図6.6のように変化する．

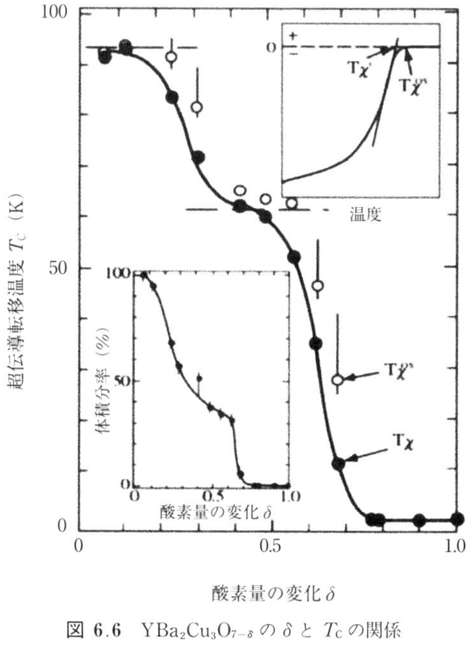

図 6.6　$YBa_2Cu_3O_{7-\delta}$のδとT_Cの関係

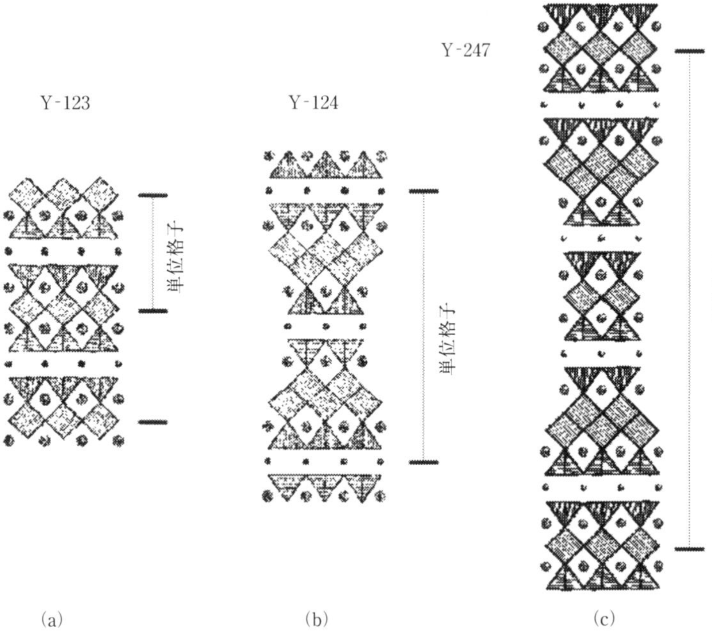

図 6.7　Y-123, Y-124, Y-247 の結晶構造

一方，$YBa_2Cu_4O_8$（Y-124）の構造は，図 6.7(b) に示されているように，Y-123 でみられた超伝導ブロックと電荷調節ブロックに対応する二重 CuO 層（平面四配位された CuO が 2 辺の稜を共有して y 軸方向に伸びている）が存在する．この物質は酸素の不定比性がほとんどなく，T_c は一定で約 80 K とされている．酸素の不定比性がないということは，二重 CuO 層では酸素と銅の化学結合が強く，酸素が抜けにくいということである．

さて，ここで取り上げようとしている物質は，図 6.7(c) に示されている $Y_2Ba_4Cu_7O_{15-\delta}$ である．この結晶は，c 軸方向に，Y-123 と Y-124（正確には Y-124 の単位格子の半分）が交互に積み重なった構造をしており，積層構造（intergrowth structure）と呼ばれている．今後，電荷調節ブロックの構造の違いを S，D で表現し，これら 3 種の超伝導物質を次のように表現する．

Y-123：　-S-S-

Y-124：　-D-D-D-

Y-247：　-S-D-S-D-S-

このY-247が，ここで問題とする超伝導物質である．

6.4　研究の動機と研究結果—Y-247のT_C—

図6.8は，Y-247の酸素量δとT_Cの関係である．この図は，多くの論文に発表されたデータをまとめたもので，明らかに二つのグループに分類される．$\delta=0$は$Y_2Ba_4Cu_7O_{15}$に相当し，電荷調節ブロックDから酸素が抜けていない状態である．グループ1では$T_C\cong 90$ K，グループ2では$T_C\cong 65$ Kと，大きく異なっている．またδの増加に伴うT_Cの変化も異なっている．もし単純に電荷調節ブロックDから，Y-123と同じように酸素が抜けるとすると，$Y_2Ba_4Cu_7O_{15-\delta}$の組成式では$0\leq\delta\leq 1$となるはずである．なぜこのような違いを生じたのか，化学的・物理的観点より明らかにしようとして，詳細な実験を行った．その過程を順次述べていくことにする．

(1)　試料合成法の開発

図6.8にみられる大きな違いは，測定に用いられた試料によるのではないかと考えた．上述の3種類の超伝導相の中で，空気中で合成できるのはY-123のみで，Y-124およびY-247は高酸素圧下でのみ合成可能である．図6.9に，これらの超伝導相が酸素圧と温度のどの領域で安定であるかを示している．Y-124は低酸素圧（1気圧）・低温（約800℃）から高酸素圧・高温までの広い範囲で安定である．Y-124は酸素の不定比性がほとんどないという理由から，X線的（X

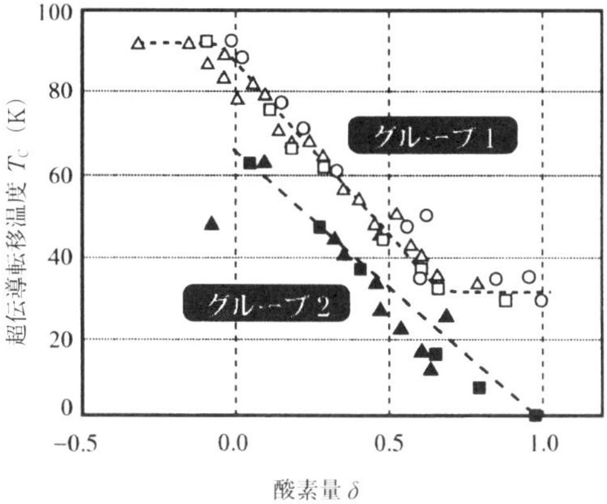

図 6.8　$Y_2Ba_4Cu_7O_{15-\delta}(0\leq\delta\leq 1)$の$\delta$と$T_C$の関係

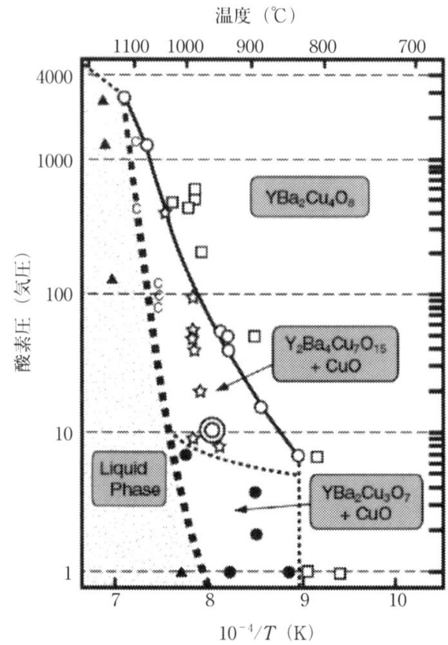

図 6.9　Y-Ba-Cu-O 系の平衡状態図（温度と酸素圧との関係）
□：124-Phase，☆：247-Phase＋CuO，○：decomposition of 124-Phase，●：123-Phase＋CuO，▲：liquid phase.

線の回折現象を利用して，結晶構造を同定したり，構造を決定することができる．電子線や中性子線回折も同様に利用されている）に Y-124 と同定された物質は，$T_C \cong 80$ K で超伝導性を示すことが知られている．

一方，Y-247 はある限られた酸素圧，温度の領域でのみ安定であり，合成が難しい．高酸素圧下での物質合成は，割合大がかりな装置（市販されている）で行われるのが普通である．筆者らは図 6.10 に示すような簡便な方法で合成することに成功した．この方法のミソは市販の透明石英管が約 20 気圧の圧力に耐えることを利用した点である．試験管状の透明石英管にあらかじめ熱処理した Y-Ba-Cu-O 試料（Y，Ba，Cu の全体の組成比は 2：4：7，多相でよい）を入れ，その後封じ切り（プロパン-酸素バーナーを用いる）やすくするため「くびれ」をつくる．この試験管を真空装置で引いた後，図のように外側から液体窒素（沸点：77.3 K＝−195.82℃）で冷やす．その後，高純度の酸素ガスをボンベより注

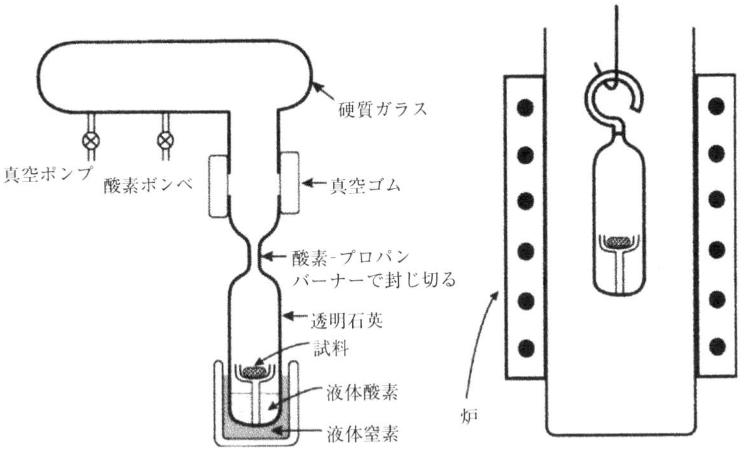

図 6.10　Y-247 を合成するための酸素圧発生装置

入する．導入された気体酸素（沸点：90.18 K，融点：54.25 K）は，液体窒素により冷やされて液体となり，試験管の底に溜まる．反応条件下で所望の圧力（本実験では約 800℃ で 10 気圧）になるよう液体酸素の量を調節した．くびれたところを焼き切って，透明石英管中に試料と液体酸素を封入する．この試験管を図のように，縦型の炉の中に吊るして熱処理を行う．適当な時間熱処理した後，この試験管を室温に急冷する．このようにして合成された試料は X 線的に Y-247 であった．化学分析の結果，$Y_2Ba_4Cu_7O_{15-\delta}$ の表式で $\delta \cong 0.05$ であった．この δ の値をできるだけ広い組成範囲で変化させる必要がある．幸いなことに，高酸素圧下で合成した試料であるにもかかわらず，高純度窒素下（約 1 気圧）で再熱処理しても結晶は安定であることがわかった．図 6.11 は熱処理温度（焼鈍温度）T_A と δ（分析値）の関係を示したもので，δ は T_A とほとんど一次の関係にあり，$0 \leq \delta \leq 1$ の範囲で変化させることができた．

(2)　物性測定

図 6.12 は，このようにして合成した試料の磁化率の温度変化を示したものである．δ の増加とともに T_C は減少し，$\delta = 0.97$ では T_C は観測されなかった．最も δ の小さい試料では，$T_C = 65$ K である．なお，白抜きの曲線（Sample B）は，別の方法（錯体重合法）で合成した試料で，$\delta = 0$ で $T_C \cong 93$ K を示す．今後，これらの Sample A と B を比較して物性の違いを示す．

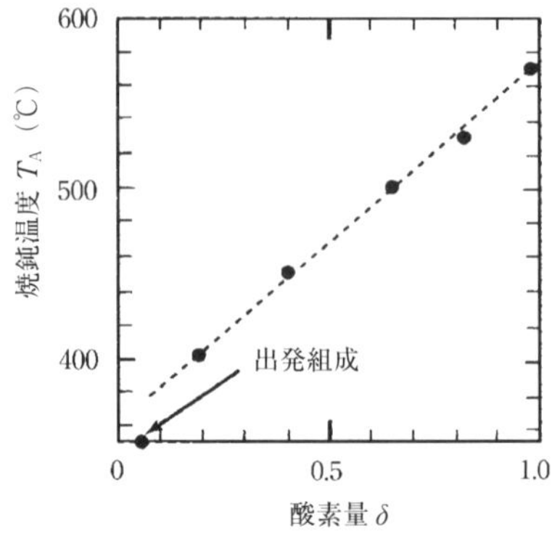

図 6.11　合成されたY-247の酸素量 δ を高純度ガス中で焼鈍することにより調節する

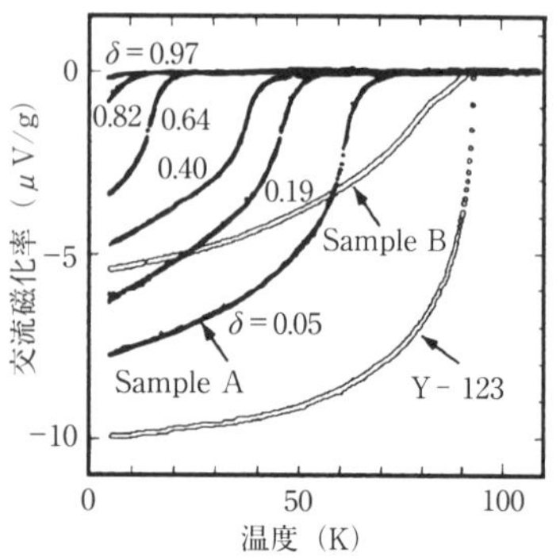

図 6.12　Sample A, B および Y-123 の交流磁化率の温度変化
Sample A ($Y_2Ba_4Cu_7O_{15-\delta}$) のみ δ による変化を示している.

図 6.13 は，Sample A，B の電子線回折像である．A の試料では回折斑点がほとんど円形であるが，B の試料では c* 方向（この方向は，図 6.7 の結晶構造では c 軸方向，すなわち電荷調節ブロック，超伝導ブロックが並んでいる方向）にストリークが見える．電荷調節ブロックのみで記せば，Y-247 は…-S-D-S-D-S-…と積層していなければならないが，回折斑点にストリークがあるということは，この並びに「乱れ」を生じていることを示している．ここに示したのは，一例であるが，観測した電子線回折図形すべてにおいて，A と B の試料ではこのような明確な差異が認められた．図 6.14 は Sample A，B の電子顕微鏡像で

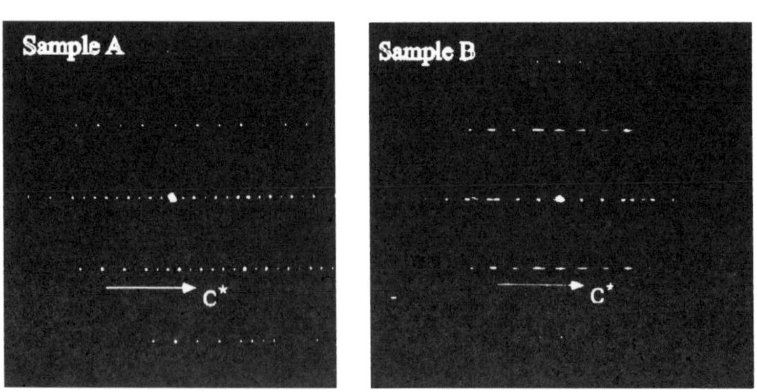

図 6.13　Sample A, B の電子線回折像

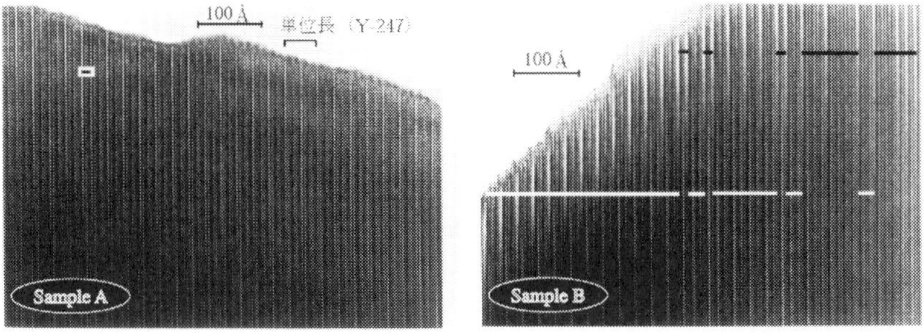

図 6.14 Sample A, B の電子顕微鏡像
Sample A では，黒線バーの部分に Y-247 以外のブロックがみえる．Sample B では，白線の部分は Y-247 であるが，黒線の部分は，Y-123, Y-124 およびさらに大きい単位をもったブロックがみえる．

ある．（格子）縞は，c 軸に垂直方向に現れ，縞の間隔を測定することにより，c 軸方向のブロックの並びを推定することができる．Sample A においては，1 か所（黒線バー）に欠陥構造がみられるのみである（電子顕微鏡では視野が小さいため，この範囲では 1 か所に欠陥がみえるのみであるが，結晶全体にこの程度の濃度で欠陥がみえるという意味である）．Sample B においては，白線の部分は Y-247 であるが，非常に欠陥が多く，黒線の部分には Y-123，Y-124 および Y-247 より大きい単位をもった構造ブロックがみえる．これらのことは，図 6.13 の電子回折像とも符合し，また，次に述べる核磁気共鳴の結果とも矛盾しない．

Cu 核の核磁気共鳴法（nuclear magnetic resonance: NMR）による実験結果を示す．Cu には ^{63}Cu，^{65}Cu の 2 種類の同位体が存在（その比は約 0.7：0.3）し，しかもともに $I=3/2$ のため，核四重極モーメント Q をもっている．Q の値が ^{63}Cu，^{65}Cu とで異なるため，分裂して吸収が観測される．したがって，外部磁場がなくてもこの Q と核のまわりの電場勾配（核が属する原子の電子状態および他の原子（イオン）からの寄与に分けられる）との相互作用により，核のエネルギーが分裂し，図 6.15(a) に示すような共鳴がみられる．すなわち，eqQ の相互作用により核エネルギーレベルは，$\pm 3/2$ と $\pm 1/2$ とに分裂し，このエネルギーレベル間の共鳴吸収が起こり，図のように 2 本の吸収線（Cu 核の ^{63}Cu と ^{65}Cu による）がみられる．この共鳴は特に核四重極共鳴（nuclear quadrupole resonance: NQR）と呼ばれている．なお，核が強い磁場（外部磁場，または物質が磁気的秩序（強磁性または反強磁性）をもっている場合）を感じている場合には，図 6.15(b) のように 6 本の吸収が観測される（^{63}Cu，^{65}Cu それ

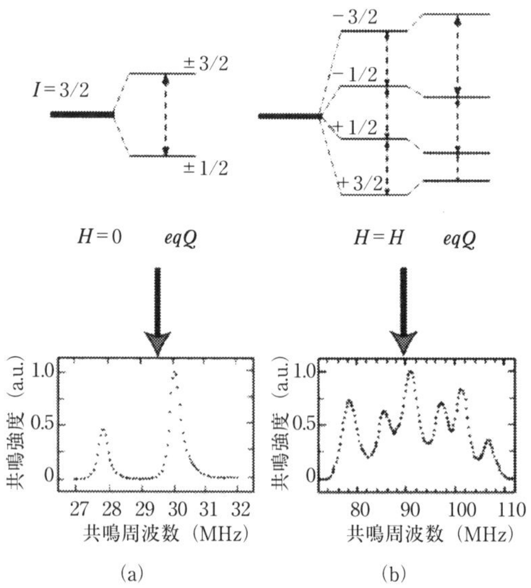

図 6.15　Cu の核四重極共鳴(a)と核磁気共鳴(b)
試料は，$YBa_2Cu_3O_6$（絶縁体反強磁性）で，(a) は Cu(1)，(b) は Cu(2) からの共鳴吸収である．この物質は，反強磁性のため外部磁場をかけていないが，Cu(2) には磁気モーメントが存在するため，(b) の上部に描かれたようなエネルギー分裂をする．Cu(1) の Cu には磁気モーメントは存在しない．

ぞれ 3 本ずつ)．図 6.16(a) は，Y-123 ($\delta \cong 0$) の NQR である．Y-123 の構造から明らかなように，Cu には 2 種類の異なった結晶学位置（サイトと呼ぶ）が存在する．すなわち，電荷調節ブロック上の Cu(Cu(1)) と超伝導ブロック上の Cu(Cu(2)) とである．(a) において，左側の 2 本は Cu(1) から右側の 2 本は Cu(2) から (^{63}Cu と ^{65}Cu) の共鳴であることがわかっている．

今後は，右側の Cu(2) からの共鳴吸収のみについて比較する．図 6.16(b) は，Y-124 からの共鳴吸収図で，共鳴周波数は低周波側にずれているが，形は Y-123(a) とよく似ている．次に，(c) は Y-247 (Sample B) からの共鳴吸収図である．Y-247 には電荷調節ブロックが 2 種類あり，したがって，4 本の共鳴吸収線がみえるはずである．実際に，(c) では 4 本の吸収線がみえており，しかもその共鳴周波数は，Y-123 と Y-124 が重なりあった位置に一致している．すなわち Y-123 と Y-124 の混合相からの共鳴ともみえる．

一方，図 6.16(d) は Sample A からの共鳴吸収図である．ブロードな 2 本の

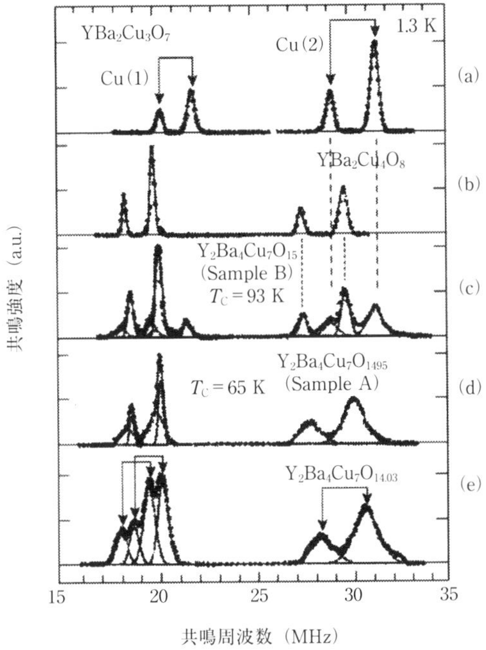

図 6.16　Y-123(a)，Y-124(b)，Y-247(Sample B)(c)，Y-247(Sample A)(d)，Sample Aで酸素量を14.03にした物質(e)の核四重極共鳴（1.3 Kにて測定）

吸収がY-123とY-124の吸収の中間位置，どちらかというとY-124に近い位置にみえている．Y-247では，先にも述べた荷電調節ブロックが2種類あるため，4本の吸収が存在するはずである．(c)，(d) の結果は次のように解釈される．先に述べたように，共鳴吸収の位置（周波数）は核のまわりの電場勾配の大きさに依存している．電場勾配の大きさは，核が属する原子の電子状態からの寄与 eq_{mag} と，まわりの原子（イオン）団からの寄与 eq_{lattice} とからなる．eq_{mag} を計算で求めることは困難であるが，eq_{lattice} は，結晶構造がわかっていれば計算できる．金属材料研究所の清水は，Cuを含む種々の酸化物について eq_{lattice} を計算し，その値と四重極共鳴周波数 ν_Q との関係について，次のような結果を得た．

① eq_{lattice} の値は，原子核からまわりの原子団の距離($\boldsymbol{r}$)により振動するが，およそ半径100 Å の球内まで計算すれば一定値となる．

② ν_Q と eq_{lattice} の間には，$\nu_Q = Aeq_{\mathrm{lattice}} + B$（$A, B$ は物質に依存しない定

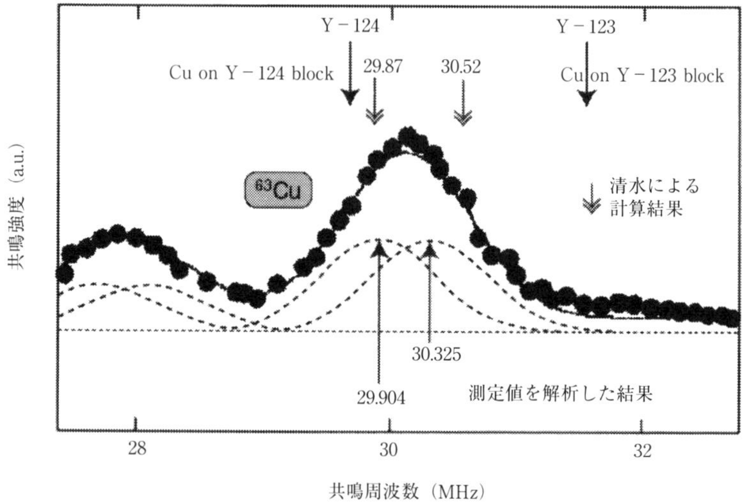

図 6.17　Sample A の Cu(2) の共鳴吸収（図 6.16(d)）の解析
^{63}Cu のブロードな吸収は 29.904，30.325 MHz の重なりであると解析された．清水の計算結果は，29.87，30.52 MHz となり，一致はよい．

数）という関係がある．

これらの結果を踏まえて，(c)，(d) を解析すると，以下のような結論となった．(d) の Sample A は，電子顕微鏡でもみられるように，ミクロに単相であり，ブロードな 2 本の吸収は図 6.17 にみられるように 2 本の吸収の重なり（^{63}Cu，^{65}Cu それぞれに 2 本）として解釈できる．清水の方法で計算した共鳴周波数（図の上に示してある）にもかなり近い値が得られている．電荷調節ブロック上の 2 種類の Cu は，eq_{lattice} を計算する際に，かなり遠くまでを考慮して計算されるので，NQR で分解できるほど大きな差はないということになる．

一方，図 6.16(c) の Sample B は，電子顕微鏡でもみられたように，多くの格子不整（c 軸方向の並び方が乱れていること）が存在したが，図 6.18 に示したように，NQR の全体図は，Y-123，Y-124，Y-247 のミクロな意味（短くとも c 軸方向に 100 Å 以上の長さで，各々の相が存在する）での三相共存であるとして解析できた．平均として，Y-123 相が電子顕微鏡像でみられるよりも多量に存在しているようで，この Y-123 が $T_c \cong 93$ K を与えていると説明できた．

以上，超伝導物質 $Y_2Ba_4Cu_7O_{15-\delta}$ を例にとり，研究を開始した動機と，その

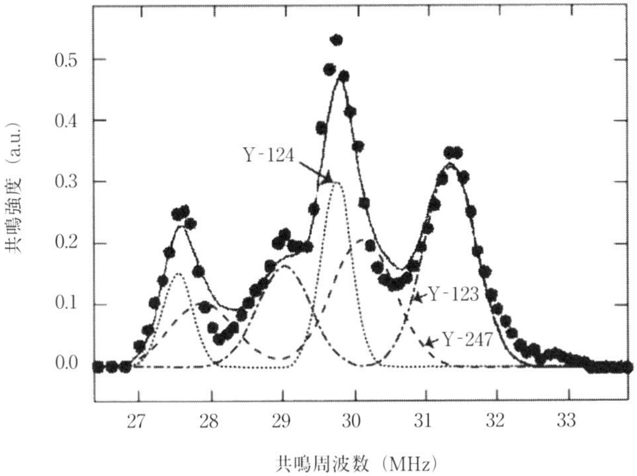

図 6.18 Sample B の Cu(2) の共鳴吸収（図 6.16(c)）の解析
全体の吸収曲線は Y-123（-·-·-），Y-124（……）および Y-247（----）の重なりとして解析された．

研究過程の大筋を示した．その詳細は別にして，問題解決に固体化学的手法と物性物理的手法の融合がいかに重要であったかを理解していただければ幸いである．

用語解説

回折（X 線，電子線）

回折とは，波がその行路にある物質によって曲げられ，曲げられた波同士が干渉する現象である．物質が規則的な構造をもつとき，これに X 線や電子線を照射して，反射された X 線の強度を測定すると，図 1 に示すように格子面からの反射波の干渉の結果，ある角度では反射された波の位相がそろって強度が強くなる．反射回折光の強さは，

$$2d\sin\theta = n\lambda \qquad (n=1,2,3,\cdots)$$

のブラッグの条件が満たされるときに最大になる．図からわかるように，ブラッグの条件は，各格子面からの反射波が互いに波長の整数倍だけずれているときに満たされる．ここで，d は格子の面間距離，θ はブラッグ角である．格子面の間隔は結晶によって固有の値をとるので，測定された θ の解析から結晶の構造が決められる．電場で加速された高速電子線や中性子線においても同様な回折現象がみられ，それぞれ構造解析に利用されている．

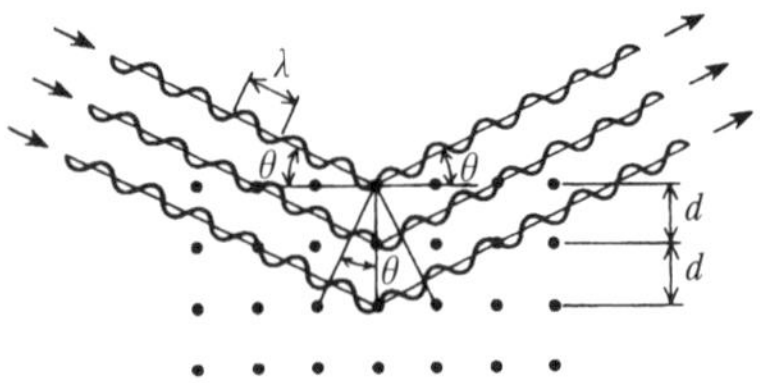

図 1

磁化率と物質の磁性

単位体積あたりの物質の磁気モーメントの大きさを磁化（$\boldsymbol{M}$）という．$\boldsymbol{M}$ と加えた磁場の強さ（$\boldsymbol{H}$）の間には比例関係 $\boldsymbol{M}=\chi\boldsymbol{H}$ があり，その比例定数 χ を磁化率という．物質中の磁束密度（$\boldsymbol{B}$）は，$\boldsymbol{B}=\mu_0(\boldsymbol{H}+\boldsymbol{M})$ であるから，単位体積あたりの磁化率 χ は，単位体積あたりの透磁率 μ と真空の透磁率 μ_0 を用いて $\chi=\mu/\mu_0-1$ で与えられる．磁化率が負の物質は反磁性で，正の物質は常磁性である．常磁性の物質は原子・分子の状態で磁気モーメントをもっている物質で，不対電子のスピンおよび軌道角運動量の磁気モーメントによって磁性が生じる．この磁気モーメントは，ある温度以上では乱雑な方向を向いているが，温度が低くなるとその方向がそろって磁気的な秩序配列が生じる．磁気モーメントの秩序配列の仕方によって，強磁性，反強磁性，フェリ磁性などの磁性が存在する．原子・分子の磁気モーメントを矢印で表して，これらの配列を模式的に図示する．

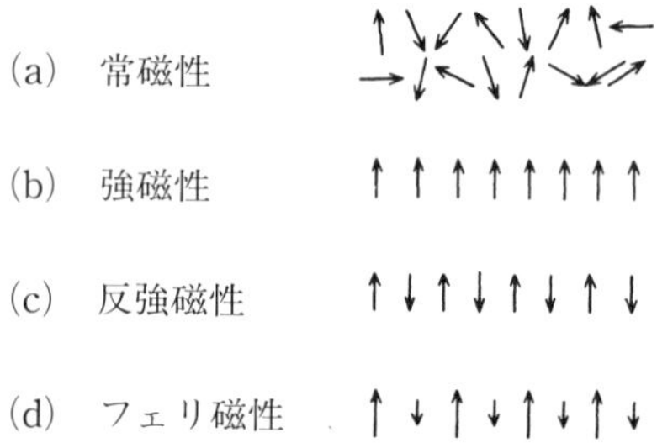

核四重極モーメント

核スピン I が 1 以上の原子核では，その電荷分布が球対称でなく電気四重極モーメントをもち，これを核四重極モーメントといい，Q で表す．原子核のまわりの電子や他の核によって生じる電場と，この核四重極モーメントの間の相互作用のため，核のスピン状態のエネルギーに分裂が生じ，分裂したエネルギー準位間の遷移に伴う共鳴吸収を観測するのが核四重極共鳴である．

コーヒーブレイク⑥

X 線の研究のインパクト

1895 年にドイツのヴュルツブルグ大学のレントゲンは X 線を発見して，第 1 回のノーベル物理学賞を受賞する栄誉に浴したが，その後の 100 年間に X 線が科学の発展に与えたインパクトまことに大きい．このことはこの 100 年間にノーベル賞を受賞した研究において，X 線が関与するものがいかに多いかをみれば理解できよう．X 線の構造解析への利用は，イギリスのブラッグ父子によって始められ，構造化学の発展を促した．1940 年頃までには多くの簡単な無機および有機化合物の構造が決められて，その後の化学の発展の基礎を築いた．1937 年にラザフォードが亡くなると，それまで核物理の研究で世界をリードしていたケンブリッジ大学のキャベンディッシュ研究所は，ブラッグ（子）が所長となって完全に方向を転換し，まだ海のものとも山のものともわからなかった，生体高分子の構造解析と電波天文学の研究を始めた．当時この転換には多くの批判もあったと聞くが，キャベンディッシュ研究所は，その後分子生物学と宇宙物理学で世界をリードして数々のノーベル賞を受賞する研究を生んだ．X 線関係の化学賞だけでも，ペルーツ，ケンドリュー，ホジキン，クルーク，とあげることができる．ブラッグの先見性と，このように大胆な方向転換を許したイギリスの研究風土には全く感服する．

7 有機導電体・超伝導体

本来絶縁体である有機物に，金属や合金でみられる金属性，さらに超伝導性を付与することは，有機合成化学や有機物性化学に携わる研究者の長年の夢であった．1954 年に日本の 3 人の化学者（赤松，井口，松永）によって口火を切られた有機導電体の研究は，その後，分子性金属（molecular metal：1973 年）を経て，有機超伝導体（1980 年）をも手中にした．

1973 年に開発された最初の分子性金属は，テトラチアフルバレン（TTF）とテトラシアノキノジメタン（TCNQ）という 2 種類の有機分子より構成される化合物（電荷移動錯体）である（後述）．物理学者であるヒーガー（Heeger）はこの化合物の電気伝導度の温度変化を測定し，70 個の結晶のうち 3 個において，約 60 K で超伝導の揺らぎが観測されることを発表した．その当時，最高の超伝導臨界温度は無機物での 23 K であったから，この高温超伝導体のニュースは世界を駆け巡り，多くの化学者，物理学者を巻き込み，追試がなされた．しかし，この超伝導揺らぎは再現されず，結晶に貼り付けたリード線の配線ミスが原因であった．ヒーガーらの間違った論文は抹殺されるどころか，逆に，多くの研究者を有機導電体に呼び込んだとして評価され，現在でも頻繁に引用されている．その後，ヒーガーは，白川英樹の作製したポリアセチレンを研究対象とし，白川，マクダイアミド（MacDiarmid）とともにドーピング（後述の電荷移動相互作用の一つ）による導電性ポリマーの開発に優れた研究を行い，2000 年のノーベル化学賞を受賞した．

化学は，物質の結合性，反応，構造，機能をその基礎において発展する学問であり，これらの導電材料の開発は，基礎化学の総合的な促進に大きく貢献している．その一つは，構造と物性の相関研究が生み出したクリスタル・エンジニアリングなる概念の創生である．有機物の異方的な分子構造と電子構造を巧みに利用しながら建築ブロックとし，さらに，多彩な分子間相互作用（共有結合，イオン結合，配位結合，ファンデルワールス結合など）の大きさや方向性などをブロックをつなぐ接着剤とし，分子間距離の制御，分子配向の制御，さらに低次元構造や，複雑な高次構造の結晶構造と電子構造の制御までを含む構築手法技術が導電材料の開発により急速に進展した．超分子化学はその一端である．

個々の分子の構造や，分子が集合した状態での構造と，金属性や超伝導性の相関関係が明らかにされると，有機化学者の得意とする化学修飾技術を駆使し，有機物の特徴を生かした，これまで無機化合物では得られなかった新奇な導電材料が創製された．ただし，これらの材料から応用へは約40〜50年のズレをもって展開している．有機半導体コンデンサーやリチウム二次電池はその例である．

また，それらの導電体は有機物質固有の特徴に起因する固体物性現象を発現し，基礎物性科学の研究の好材料である．それは，電子構造の低次元性，狭いバンド幅による強い電子相関，格子振動の複雑さに根ざす現象である．まず，7.1〜7.5節で，これらの語彙を説明するとともに，有機導電体の背景を紹介する．

7.1　有機導電体の基礎

6個の炭素と6個の水素からなるベンゼンにおいて，その骨格は sp^2 混成による σ 軌道が担い，σ 電子は個々C−C，C−H 結合軌道に局在する．p_z 軌道はベンゼン環の上下方向に伸び，π 電子がその軌道を占め，個々の炭素に局在せずに，ベンゼン環に非局在する．したがって，多数のベンゼン分子を上下方向にのみパンケーキのように積み重ねると，π 電子はベンゼン分子の上下方向にのみ運動が可能となる（図7.1(a)：一次元導電体）．一方，多数のベンゼンを床一面に敷き詰め隣接する辺を融合すると，六角蜂の巣状のシートが形成され，横方向のみに π 電子の運動が可能となる（図7.1(b)：二次元導電体）．電気が流れるためには，流れる電子（または正孔）と流れる経路が不可欠である．図7.1における経路は，π 軌道が重なりあうことにより形成され，その中を π 電子が電場に沿って流れる．電気抵抗は，電子が，分子や原子の周期的な配列（格子）の振動や分子内の振動などにより散乱されることで発生する．有機導電体の特徴は，① π 軌道を用いることに伴う経路の低次元性，② 小さな軌道重なり，さらに，③ 多

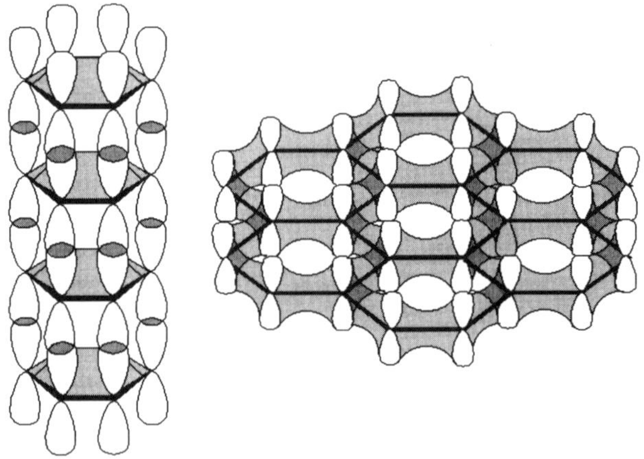

(a)　　(b)

図 7.1　(a) ベンゼン分子が形成する一次元カラム，(b) 黒鉛の層 1 枚 (グラフェン) の一部，π 軌道重なりを影で示す

種類の分子内振動をもつことによる電子散乱の複雑さである．これらにより，アルカリ金属や貴金属などのような等方的な軌道を用いた等方的結晶構造の三次元導電体とは異なる奇妙な伝導物性が誘起される．

10 年ほど前，某石油会社に勤めていた筆者の後輩から，「精油プロセスの段階で，黄色の結晶がラインに詰まり，調べてみるとそれはコロネン (図 7.2) でした．大量に得られるので，これの利用法はないでしょうか」と質問された．コロネンを素材として，本節を考える．

質問「コロネンは π 電子を沢山もっているから，電気を流す有機物ですか」

——答え「いえ，優秀な絶縁体です．その導電率はガラス並みです (図 7.3)．ただし，結晶の方向によって，導電率が少し異なり，π 電子が大きく重なりあっている方向が (室温導電率 $\sigma_{RT}=10^{-12}\sim10^{-13}$ S cm^{-1})，それに垂直な方向 ($\sigma_{RT}=6\times10^{-18}$ S cm^{-1}) に比べ約 5〜6 桁導電率が優れます」

質問「コロネンはベンゼン環が 7 個くっつきあったものですが，コロネンをどんどんくっつけていくと，ベンゼンの無限網状物質である黒鉛になると考えられますね．黒鉛はすごく電気を流す (黒鉛面内方向 $\sigma_{RT}=2.6\times10^{4}$ S cm^{-1}，垂直方向 10 S cm^{-1}) のに，コロネンはどうして絶縁体なのですか」

コロネンは，六角形ベンゼンの各辺の上にベンゼンがコロナ状に取り付いた平面分子で，多環芳香族炭化水素の一つである．π 電子は分子面の上下に伸びてお

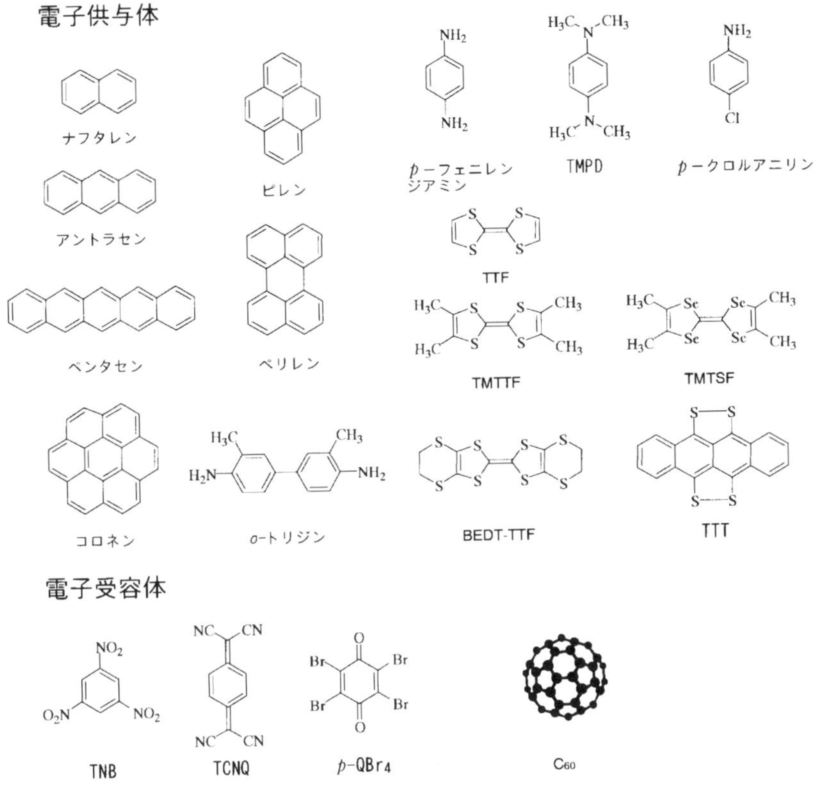

図 7.2　本文中の有機分子

り，約 3.40 Å（炭素のファンデルワールス原子半径の 2 倍）の厚さのパンケーキを考えるとよい．コロネン分子同士はファンデルワールス力により相互作用しあい結晶となる（分子性結晶）．π 電子は分子全体を自由に運動しているので，この結晶に電場を印加すると，π 電子が次々と隣の分子に飛び移ることが起こる（ホッピングモデル）．これは，電子が主に 1 分子上に滞在し，ときどき隣の分子に浸み込むという考えであり，電子の移動速度（μ：移動度 $cm^2\ V^{-1}\ sec^{-1}$，単位電場 $V\ cm^{-1}$ での移動速度 $cm\ sec^{-1}$ である）が小さな物質に適用される．

導電性を理解するには，もう一つのモデル，バンドモデルが簡便である．分子間を飛び移る電子は，一般に分子の最高被占軌道（HOMO： highest occupied molecular orbital）を形成している．二つのコロネン分子を，無限遠点から，積み重ねる方向で近づけることを考える．2 分子が接近し，コロネンの HOMO 軌

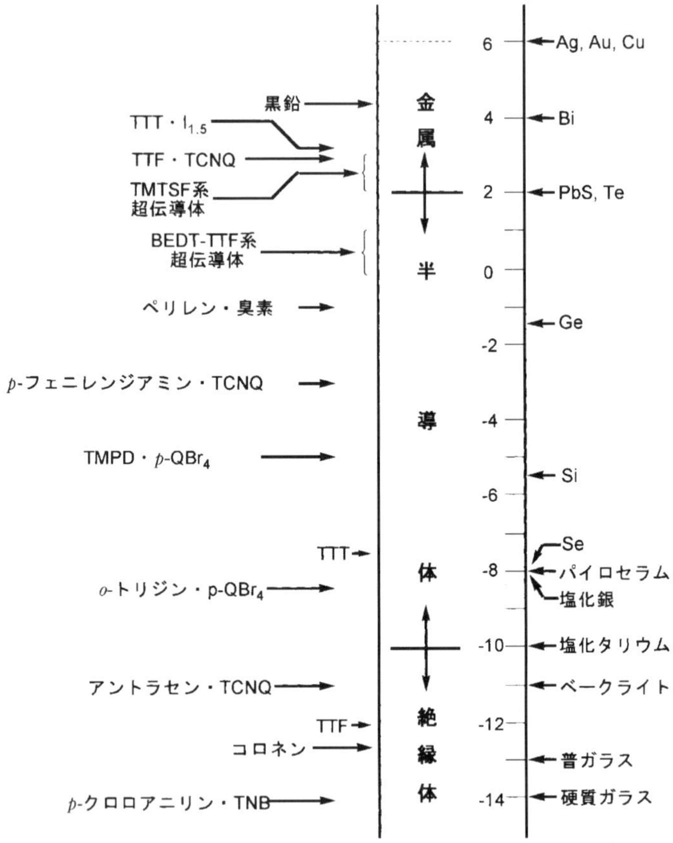

図 7.3　有機物と無機物の導電性の比較（$\log \sigma$(S cm^{-1})）（化合物の分子図は図 7.2 を参照）

道同士が重なって二量体を形成すると，二つの HOMO のエネルギー準位はこれまでの HOMO 準位を中心とした上下二つの軌道に分裂する（図 7.4）．各軌道には，2 個の電子が詰まる．2 個の二量体を，積み重なる方向から近づけて四量体，さらに四量体同士を同方向から…というように，アヴォガドロ数に近い数 N の分子を積み重ねた一次元のコロネン結晶を仮定する．ただし，両端の影響を取り除くため，上端と下端を結び，輪とする．電子はこの輪の中を動き回るという，一次元導電体のモデルができる．この結晶中のすべての分子は他の分子と相互作用するが，一番相互作用の大きい隣接分子間の相互作用エネルギーのみを考慮し，t（トランスファーエネルギー）とすると，同一のエネルギーであった

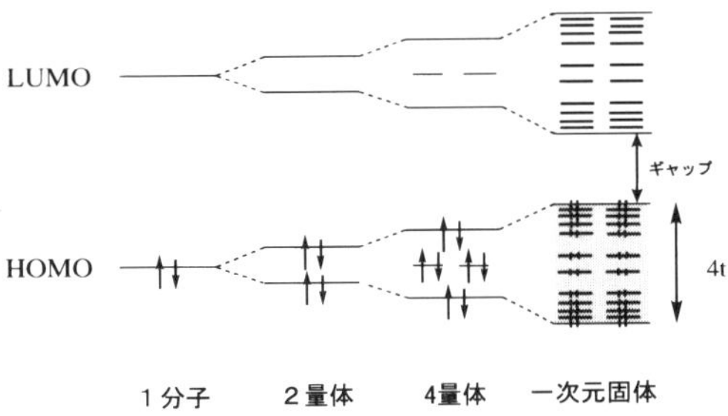

図 7.4 HOMO，LUMO からのバンド構造形成

N 個の HOMO は，エネルギー幅 $4t$ をもった帯（バンド）の中に離散的に位置する（図 7.4）．これは，ベンゼン分子の π 軌道のエネルギー計算と類似している．π 電子を 1 個もつ 6 個の炭素からなる輪（ベンゼン分子）の単純ヒュッケル計算では，一番下と上以外の四つの軌道は 2 重に縮退した二つの準位となる．これと同様に，バンド中の離散的な準位は，一番上と下以外はすべて 2 重縮退を示す．

少し，その様子を詳しく眺める．分子の波動関数を ϕ とする．N 個の分子を周期的に等間隔 (a) に x 軸方向に並べる．両端を結んだ輪を仮定すると，その中の電子は，その周期性を反映した波動関数 Ψ をもつ（式(7.1)）．

$$\Psi_k(x)=\frac{N^{-1/2}\Sigma\exp(ikna)\phi(x-na)}{n} \tag{7.1}$$

$N^{-1/2}$ は規格化の定数である．$\Psi_k(x)$ は x 軸上の $(x-na)$ に位置する分子の波動関数 $\phi(x-na)$ の線形結合 $(n=0\sim N-1)$ であるが，集合体としての周期性を示す位相因子 $\exp(ikna)$ が付随する．指数の肩にある kna は無次元であり，k（波数）は $1/a$，つまり長さの逆（cm^{-1}）の次元をもつ．輪をなしているので，

$$\Psi_k(x+Na)=\Psi_k(x) \tag{7.2}$$

より，$\exp(ikNa)=1$ となり，

$$k=(2\pi/Na)z, \qquad z=0, \pm1, \pm2, \cdots, \pm N/2, \quad -\pi/a\leq k\leq \pi/a \tag{7.3}$$

である．k は $k=0$ を中心としての数直線で，各目盛の間隔は $2\pi/Na$ の大きさである．Na は輪の長さに相当する．1 区間 $2\pi/Na$ の中には 2 個の電子が入る一つの軌道がある．N 個の分子から k の値が異なる N 個の波動関数が生じ，各軌道

に 2 個の電子が入りうる．波数 k は運動量 p と式(7.4)で関連するので，k で記述される空間を波数 (k) 空間や運動量空間という．

$$p=\hbar k \tag{7.4}$$

式(7.1)をシュレディンガー方程式(7.5)に入れて軌道のエネルギーを求めるのが，次の課題である．このとき，隣接分子間の相互作用 t と，同一分子でのエネルギー（その分子軌道のエネルギーにほぼ等しい．クーロン積分という）ε_0 のみを用いる仮定をすると便利である．つまり，

$$\varepsilon(k)=\int\Psi_k{}^*(x)H\Psi_k(x)dx\Big/\int|\Psi_k(x)|^2dx \tag{7.5}$$

に，式(7.1)を代入すると

$$\varepsilon(k)=\frac{N^{-1}\Sigma\Sigma\exp(-ik(p-q)a)\int\phi^*(x-(p-q)a)H\phi(x)dx}{pq}$$

で，$p=q$ のとき，$\varepsilon_0=-\int\phi^*(x)H\phi(x)dx$，$p=q\pm1$ で $t=-\int\phi^*(x-a)H\phi(x)dx$ を用いると，

$$\varepsilon(k)=-\varepsilon_0-2t\cos ka \qquad ただし，-\pi/a\leq k\leq\pi/a \tag{7.6}$$

となる．これは，結晶の電子状態を規定する表示としてきわめて重要なもので，エネルギー分散といわれる．その様子を理解するのに 20 分子を並べた結晶でのエネルギーと波数の関係を図 7.5 に示す．図が左右対称であり，$\pm k$ でのエネル

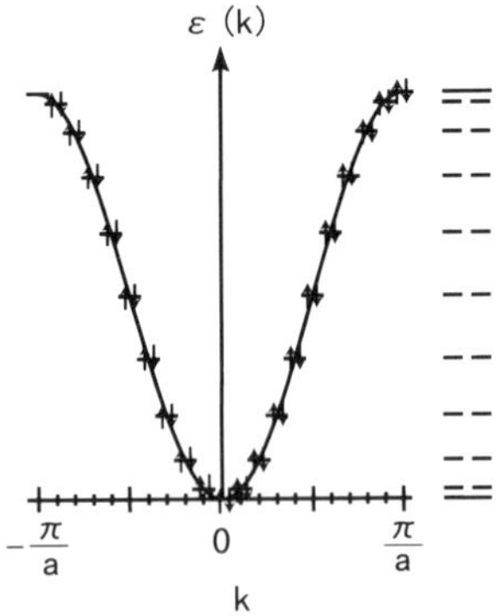

図 7.5　エネルギー分散図（閉殻構造 20 分子の一次元集合体を示す）

ギーが縮退していること，バンド幅が $4t$ であること，さらに $k=0, \pm\pi/a$ の近傍で横棒で示す軌道状態が密に詰まっていることが明らかである．

各HOMOに2電子をもつ閉殻構造分子コロネンでは，HOMOから形成される図7.4，7.5のバンド（価電子帯）は完全に満席となる．コロネンの最低空軌道（LUMO）もバンド（伝導帯）を，価電子帯よりも高いエネルギーのところに形成する．価電子帯と伝導帯の間に，軌道は存在しない．したがって，価電子帯の一番上に位置する電子は，価電子帯と伝導帯の間隔（ギャップ：HOMO-LUMO間エネルギーに関係する）に相当するエネルギーをもらうと，伝導帯に励起される．このようなバンド構造をもつ物質が，半導体または絶縁体といわれる．導電性を得るには，光や熱で電子を伝導帯に励起することが必要である．励起された電子と価電子帯にできた電子の抜け穴（正孔，ホール）が結晶中を動き，導電性が生じる．

導電率 σ（S cm^{-1}）は，単位電荷 e，結晶中を移動できるキャリアー（電子とホール）の密度 n（cm^{-3}）とその単位電場中での速度 μ（cm^2 V^{-1} sec^{-1}）を用い式(7.7)で記述される．

$$\sigma = ne\mu \tag{7.7}$$

コロネンの価電子帯と伝導帯の間には，3.3 eVのギャップがあり，室温でも10^{14}個につき1個の電子が励起されているにすぎない（nがきわめて小さい）．また，その移動度もナフタレン，アントラセン，ペリレンの移動度0.1～4 cm^2 V^{-1} sec^{-1}と同程度であろうから，電気の流れない物質になる．これらの値は，ふつうの金属（銅で $n=8.45\times10^{22}$ cm^{-3}，$\mu=35$ cm^2 V^{-1} sec^{-1}，$\sigma=5.88\times10^5$ S cm^{-1}）に比べきわめて小さい．このように，すべての有機物は，単一物質の状態では，半導体（有機半導体）である．これが，無機物と大きく異なる第一の点で，単一有機物質を用いて金属性，さらに超伝導性を得る物質開発研究が熱心に続けられている．

それでは，なぜ黒鉛は電気をよく流すのか．ベンゼン平面をどんどんくっつけていくと，ナフタレン（無色，10^{-19} S cm^{-1}），アントラセン（無色，10^{-22}），ピレン（無色，10^{-20}），ペリレン（黄橙，10^{-14}～10^{-16}），ペンタセン（深青色，10^{-14}），…，黒鉛と，だんだん色が濃くなる．炭素原子が増すにつれ，π電子が動き回れる領域が広がり分子のHOMO-LUMOの間隔は狭くなり，より深い色を示す．したがって，これらの分子性結晶では，一般に色が濃いものほどギャップが小さく，電気が流れやすくなる．

黒鉛の網状平面内ではすでに幅広いバンドが生じてギャップが0になっている．これに，網状平面垂直方向のπ電子相互作用を加えると，価電子帯と伝導帯が融合し，半金属となる．π軌道を用いているため，伝導の異方性は非常に大きい．網状平面に平行方向での炭素-炭素間隔は1.42 Åと短く，大きなバンド幅が形成されて導電性はよい（$\mu=\sim10^4\ \mathrm{cm^2\,V^{-1}\,sec^{-1}}$，$n=\sim10^{19}\ \mathrm{cm^{-3}}$）．垂直方向での面間距離は3.35 Åと長く，$\pi$軌道間の重なりが小さくなり，この方向の$\mu$は小さく（$\sim3\ \mathrm{cm^2\,V^{-1}\,sec^{-1}}$），導電性は非常に劣る（数$\mathrm{S\,cm^{-1}}$）．しかし，黒鉛は有機物ではない．本当の有機物で黒鉛に匹敵するものをつくるには，どうしたらよいであろう．

7.2　電荷移動錯体

1954年，日本の化学者赤松秀雄，井口洋夫，松永義夫がペリレン・臭素錯体で$0.1\ \mathrm{S\,cm^{-1}}$のものを発見し，有機導電体の口火を切った．その後，数々の実験を経て，1973年に明確な金属的有機物（分子性金属）TTF・TCNQ錯体がアメリカで発見され，次いで1980年に有機超伝導体$(\mathrm{TMTSF})_2\mathrm{PF_6}$錯体が誕生した（デンマーク・フランス）．有機物単体は前述のように半導体である．しかし，2種類の物質からなる有機錯体では，金属的なものから超伝導を示すものが可能となる．なぜなのか．

ペリレン・臭素錯体では，ペリレンのHOMOの2電子のうち1個が臭素原子により抜き取られ，一部のペリレンは+1価の不対電子をもつラジカル（陽イオンラジカル$\mathrm{D^{+\cdot}}$：・は不対電子を示す）となり，臭素は閉殻陰イオン$\mathrm{X^-}$で存在する．伝導はラジカル電子が担っている．このように，電子を出す物質（電子供与体：electron donor D）と電子を引き抜く物質（電子受容体：electron acceptor A）とからなる錯体を電荷移動（charge transfer：CT）錯体という．D，Aの組み合わせは千差万別であるが，イオン化した状態での電子構造に着目すると主に三つに分類される．ペリレン・臭素錯体のように電子供与体のみが不対電子をもつ錯体を陽イオンラジカル塩という．その逆の有機開殻構造陰イオン$\mathrm{A^{-\cdot}}$と閉殻陽イオン$\mathrm{M^+}$からなる錯体を陰イオンラジカル塩という．TTF・TCNQは，両成分が完全にイオン化すると，ともに開殻構造分子$\mathrm{TTF^{+\cdot}}$，$\mathrm{TCNQ^{-\cdot}}$となるDA型錯体である．このDA型錯体は，DとAの組み合わせ次第で，完全に中性のものまであり，$D^{+\gamma}A^{-\gamma}$（一般に $0 \leq \gamma \leq 1$）と表記される．この γ は電荷移動量といわれ，導電性錯体を得るにはたいへん重要な因子である．

7.3　電荷移動相互作用

DとAを溶液中で混合すると，可視から近赤外部に幅広い新しい電子吸収帯が現れ，一般に両成分とは異なる深い色を示す．表7.1に無色（TTFのみ橙色）のDと無色～橙色のAの混合溶液が示す吸収帯の極大位置または色を示す．マリケン（Mulliken： 1966年ノーベル化学賞）は，錯体DAの電子構造を $D^0A^0 \rightleftharpoons D^{+\cdot}A^{-\cdot}$ の共鳴と考え，電荷移動理論を確立した．D^0A^0 はD分子とA分子がファンデルワールス力で結ばれた状態（中性構造）である．また，$D^{+\cdot}A^{-\cdot}$ はD分子からA分子へ電子が1個移動した状態（イオン構造）で，一種の共有結合またはイオン結合状態を表す．これら両構造の量子力学的共鳴により，錯体の基底状態と励起状態のエネルギーが表される．

D^0 および A^0 分子が無限遠点から接近するとファンデルワールス力により少し安定化し，さらに接近すると核間反発により不安定化する（W_0：中性構造のエネルギー）．$D^{+\cdot}$ と $A^{-\cdot}$ では，分子が接近すると，クーロン引力によりエネルギーは大きく安定化する（W_1：イオン構造のエネルギー）．錯体の基底状態，励起状態のエネルギー $\varepsilon_N, \varepsilon_E$ は，両構造の共鳴により各々 W_0, W_1 よりも安定化，不安定化の方に位置する．孤立した D^0, A^0 をイオン化して $D^{+\cdot}$，$A^{-\cdot}$ にするのに必要なエネルギーは，各々D分子のイオン化電圧 I とA分子の電子親和力 E の符号を逆にした $-E$ である．したがって，$(I-E)$ の値が大きい組み合わせでは，W_0 が W_1 より下にあり，ε_N は主に中性構造の寄与が大きい．このような錯体は

表 7.1　電子供与体と電子受容体の混合液が示す吸収帯の極大位置・色と導電性

電子供与体	電子受容体	CT吸収帯（クロロホルム，nm），色	室温伝導度 σ_{RT}/S cm^{-1}
p-クロルアニリン	TNB	390　黄色	10^{-14}
o-トリジン	*p*-QBr_4	760　緑色	10^{-9}
アントラセン	TCNQ	810　黄緑色	10^{-11}
TMPD	*p*-QBr_4	950　緑褐色	10^{-5}
p-フェニレンジアミン	TCNQ	解離	10^{-3}
TTF	TCNQ	解離	10^{2}
Na	TCNQ	解離	10^{-5}

中性的といわれ，その CT 吸収帯のエネルギー $h\nu_{\mathrm{CT}}{}^{\mathrm{N}}$（N は中性を示す）は，

$$h\nu_{\mathrm{CT}}{}^{\mathrm{N}} = \varepsilon_E - \varepsilon_N \fallingdotseq I(\mathrm{D}) - E(\mathrm{A}) - C \tag{7.8}$$

となる．ここに，C は，D^0 と A^0，$D^{+\cdot}$ と $A^{-\cdot}$ 間の相互作用エネルギーと共鳴エネルギーの和で，その大部分はクーロンエネルギーが占める．

一方，$(I-E)$ が非常に小さい組み合わせでは，クーロン引力の安定化のため，分子間距離が短くなるにつれ，W_1 が W_0 より低くなる．すると，ε_N は主にイオン構造で示され，イオン性錯体となる．このときの $h\nu_{\mathrm{CT}}{}^{\mathrm{I}}$（I はイオン性を示す）は，

$$h\nu_{\mathrm{CT}}{}^{\mathrm{I}} = \varepsilon_E - \varepsilon_N \fallingdotseq -I(\mathrm{D}) + E(\mathrm{A}) + C' \tag{7.9}$$

となる．やはり，C' の大部分をクーロンエネルギーが占める．イオン性錯体は溶液中，溶媒和の安定化によりバラバラに解離しやすいため，錯体の $h\nu_{\mathrm{CT}}{}^{\mathrm{I}}$ を測定するのは困難である．表 7.1 中の色は式(7.8)および式(7.9)に相当するが，解離と記した錯体では，$D^{+\cdot}$ と $A^{-\cdot}$ のラジカルによる特有の吸収スペクトルがみられる．以上は 1 個の DA 対錯体に関する議論である．これらの錯体の結晶の導電性を表 7.1 に並記すると，イオン性が増すにつれ（表 7.1 の下方の錯体），導電性がよくなることがわかる．しかし，表中で最もイオン化している $Na^{\gamma+}$ $TCNQ^{\gamma-}$($\gamma=1$) は逆に導電性が悪くなっており，このことは，γ がある範囲のときのみ錯体の導電性が高くなることを示す．現在，分子性金属の γ は 0.5 以上 1 未満であることが，多くの錯体で確認されている．このような電子状態を部分的電荷移動状態という．

7.4　部分的電荷移動状態と金属性の関係

$\gamma=0$ の錯体のバンド構造は図 7.4 と同じである．その価電子帯の電子を，ちょうど半分抜き出すと，それは 1 個の分子が 1 個の電子をもった陽イオンラジカル塩 $D^{+\cdot}X^-$ のものに相当する（$\gamma=1$，図 7.6(a)）．一方，伝導帯の半分まで電子を余分に与えると，それは陰イオンラジカル塩 $M^+A^{-\cdot}$ のものとなる（$\gamma=1$，図 7.6(b)）．これらは，アルカリ金属のように 1 原子が 1 個の不対電子をもつもの（図 7.6(c)）と同じであり，図 7.6(a)，(b) のように，中途半端に詰まったバンド構造は金属を意味する．したがって，$\gamma=1$ の有機結晶において電場を印

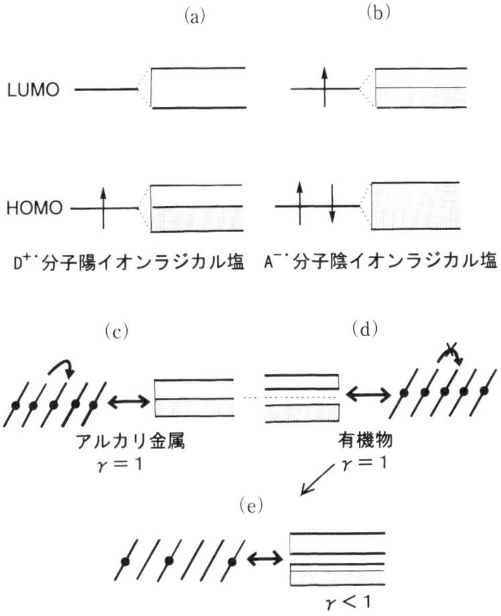

図 7.6　バンド構造と金属

加すると金属的挙動を示すと期待されるが，実際の有機物ではそうはならない．無機物と大きく異なる点の第二である．

上記した有機物と無機物の二つの相違点は，ともに，有機物 π 軌道の z 方向での重なり程度が小さいこと（狭いバンド幅）と，個々の有機分子の上に 2 個のキャリアーを占有させたときに生じるクーロン反発エネルギー（オンサイトクーロンエネルギー U，電子相関という）が大きいことに起因する．

U を，$A^{-\cdot}$ からできている一次元の分子鎖で説明する．隣接分子間での電子移動により，結晶は式(7.10)の右辺の状態を経る．A^{2-} 分子中の最外殻 2 電子間にはクーロン斥力がはたらいており，

$$\cdots A^{-\cdot}\overset{e}{\overline{A^{-\cdot}A^{-\cdot}}}A^{-\cdot}\cdots \longrightarrow \cdots A^{-\cdot}A^{0}A^{2-}A^{-\cdot}\cdots \tag{7.10}$$

A^{2-} を含む状態は前の状態より U だけ高いエネルギーをもつ．このクーロン反発エネルギー U がバンド幅 $4t$ に相当するエネルギーより大きいと，図 7.6 (a)，(b) であるべきバンド構造が，(d) のように半導体に変化する．このように $U>4t$ の物質をモット（Mott：1977 年ノーベル物理学賞）絶縁体といい，有

機物に限らず，無機物においてもみられる．無機銅酸化物高温超伝導体はモット絶縁体を出発点とする物質である．$\gamma=1$ の系でも，U がバンド幅よりも小さいと金属になるが，有機物においては，きわめてまれである．一方，アルカリ金属などは U が大きいものの，バンド幅がそれを上回るので金属となる（c）．

「電気を流す有機物」をつくるには，図7.6(d) の状態から電子を少し抜くか，少し加えることにより，(e) のような中途半端に充填されたバンドを形成すればよい．これは，$A^{\gamma-}$ 分子や $D^{\gamma+}$ 分子 ($\gamma<1$) で結晶をつくることを意味する．このような結晶では，$\gamma=1$ と $\gamma=0$ の分子が混合した状態で表現でき，さらに式(7.11) のような電子移動はほとんど自由に生じるため，金属的挙動が期待される．実際，TTF・TCNQ の γ は 0.55〜0.59 である．

$$\cdots A^{-\cdot}\underset{}{\overset{e}{\curvearrowright}}A^{0}A^{-\cdot}A^{0}\cdots \longrightarrow \cdots A^{0}A^{-\cdot}A^{-\cdot}A^{0}\cdots \qquad (7.11)$$

7.5　結晶中の分子の重なりと分子性金属の設計

平面状の D，A 分子からなる錯体では，分子面を平行にして DADA と積み重なることが多い．この様式を交互積層という．このような場合，部分的電荷移動状態をとる組み合わせを選ぶと，かなり導電性のよいものが得られるが，金属とはならない．式(7.12)での電子移動が不安定種の $D^{1-\cdot}$ を形成することによる．γ の小さな錯体 ($\gamma<0.5$) は，ほとんど交互積層型をとり，半導体である．

$$D^{1+\cdot}A^{1-\cdot}\overset{e}{\curvearrowright}D^{0}A^{0} \longrightarrow D^{1+\cdot}A^{0}D^{1-\cdot}A^{0} \qquad (7.12)$$

Na・TCNQ では，平坦な TCNQ 分子が，その π 電子を積み重ねるように平行に積層して柱（カラム）をつくる．これを，分離積層型という．$TCNQ^{-\cdot}$ 同士が積層するため，カラム内では，強いクーロン斥力がはたらく．一方，TCNQ カラムの横に存在する Na^{+} とのクーロン引力と，カラム内 TCNQ 分子の π 電子軌道が重なりあい，そこを電子が非局在することによる安定性エネルギーが，上述斥力エネルギーと釣り合うことになる．しかし Na・TCNQ では，TCNQ カラム（電子伝導の経路）ができているものの，$\gamma=1$ であるため半導体である．分離積層型で，部分的電荷移動状態のときにのみ，金属状態が実現される．

TTF･TCNQの結晶では，TCNQおよびTTF分子のカラムがb軸方向に伸びている．電気はこの方向にのみ流れやすく，他の方向には，その1/200～1/1,000の導電性である．このように，一方向にのみ電気が流れやすい物質を低次元導電体という．TCNQカラム内の面間距離（3.17 Å）は，黒鉛の値よりずっと短くなっている．伝導は主としてTCNQカラムが担っており，室温で200～600 S cm^{-1}，58 Kで約10^4 S cm^{-1}である．しかし，低次元導体は宿命的に低温で絶縁体となりやすく，TTF･TCNQの場合，58 Kで金属-絶縁体転移を示す．この低次元金属での絶縁体転移を，理論的に予想した物理学者パイエルス（Peierls）にちなみ，パイエルス転移という．

7.6 パイエルス転移を抑えるための分子設計

この低温での絶縁体化を抑えると，超伝導体にすることが可能となる．一次元的な有機導電体のパイエルス移転を抑えるため，次元性向上が分子設計指針として採用された．分子面に垂直なπ電子軌道のみを使っていては，一次元性が強調されるので，同じ面内の隣の分子との電子のやりとりができるように工夫して，図7.1(b)のような，横方向での電子雲の重なりがある二次元性を増すことが必要となる．たとえば，TMTTF分子（図7.2）の錯体は一次元であるが，S（ファンデルワールス原子半径は1.80 Å）を原子半径の大きいSe（1.90 Å）で置き換えたTMTSF分子の錯体では，隣接するカラム同士の間でのSeの波動関数の重なりが生じ，カラムとカラムの間でもいくらかの伝導性が発生する．この分子をドナーとして，最初の有機超伝導体がデンマーク・フランスのグループにより合成された．しかし，それらは依然として二次元性は完全ではなく，一次元性の強い導電体，つまり，擬一次元超伝導体といわれる．

Seは原子量が大きいため超伝導転移温度を下げる可能性が高い．そこで，筆者らは，Sを用いてカラム間での波動関数の重なりを増すためBEDT-TTF分子（図7.2）を用い，二次元導電体の作製に成功した．このドナーから多数の二次元超伝導体が開発された．その二次元性は，BEDT-TTF分子が分子短軸方向で形成する分子間S…S原子接触の網目構造に起因する．

ススより得られるサッカーボール状C_{60}分子（図7.2）は，アルカリ金属Mと陰イオンラジカル塩M_3C_{60}を形成する．これは，三次元性の等方的な結晶

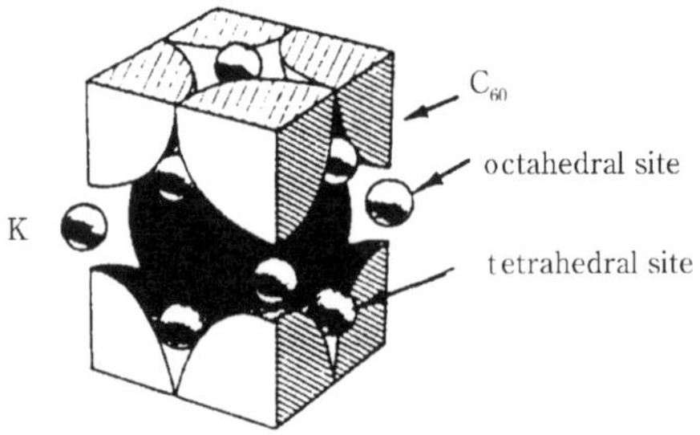

図 7.7　K_3C_{60} の結晶構造（四面体空隙と八面体空隙にKが入る）

表 7.2　超伝導体の代表例

電子供与体	電子受容体	組織　相	σ_{RT}/S cm^{-1}	超伝導臨界温度 T_C/K
TMTSF	PF_6	2:1	540	1.1（加圧 0.65 GPa）
	ClO_4	2:1	700	1.4
	FSO_3	2:1	1,000	～3（加圧 0.5 GPa）
BEDT-TTF	I_3	2:1　β型	60	1.5（β_L 相）と 8.1（β_H 相）
	I_3	2:1　κ型	150	3.6
	$Cu(NCS)_2$	2:1　κ型	10～40	10.4（H体），11.2（D体）
	$Cu(CN)[N(CN)_2]$	2:1　κ型	5～50	11.2（H体），12.3（D体）
	$Cu[N(CN)_2]Cl$	2:1　κ型	2（半導体）	12.8（H体），13.1（D体）（加圧 0.35 GPa）
K	C_{60}	3:1　fcc		19.8
Rb, K		2:1:1　fcc		27
Rb		3:1　fcc	7（薄膜）	30.2
Cs, Rb		1:2:1　fcc		31
Cs, Rb		2:1:1　fcc		33

D体：BEDT-TTF 分子の末端エチレン水素を重水素で置換した錯体．β, κ：BEDT-TTF 錯体の多形を区分するための記号で，分子の積み重なり様式を示す．fcc：面心立方．

（図 7.7）で，高い超伝導臨界温度 T_C を示すことがベル研究所のグループにより発見された．

このように，有機導電体（C_{60} 化合物を含めて分子性導電体といわれる）においては，一次元金属から出発して，二次元性や三次元性を付加し，初めて超伝導体の合成および臨界温度の向上に成功した．表 7.2 にこれらの代表的な例を示す．

7.7　有機超伝導体

TMTSF 系一次元超伝導体は約 1 K で，BEDT-TTF 系二次元超伝導体は最高 13 K，C_{60} 系三次元超伝導体は最高 33 K で超伝導を示す．現在までに，1,000

種を軽くこえる分子性金属が開発され，室温伝導度は～10^5 S cm^{-1} まで到達した．そのうち，超伝導を示す有機錯体は C_{60} 超伝導体（約 30 種）以外で約 100 種ある．図 7.8 は，無機超伝導体と有機超伝導体の T_C の年代による経緯である．無機物においては，1911 年にオネス（Onnes : 1913 年ノーベル物理学賞）により Hg で初めて超伝導が発見されて以来，およそ 3 K/10 年くらいの割合で T_C は上昇した．そして，1986 年の 30 K 酸化物超伝導体の発見（Bednorz と Müller : 1987 年ノーベル物理学賞）から一気に T_C は 160 K 以上まで上昇した．有機物においては，1980 年に最初の有機超伝導体が合成され（T_C～1 K），1986 年に筆者らにより，10 K をこえ，1991 年に 33 K と非常に速いスピードで T_C が上昇した．有機物の線をこのまま延長すると，2050 年頃には液体窒素温度達成も夢ではない．無機物のように，突然勾配が変わる（1991 年の C_{60} 超伝導体での T_C 上昇は，これに相当する）ということもありうる．

TMTSF 系超伝導体は，ほとんどが圧力下で超伝導を示し，T_C もかなり低い．しかしながら，一次元性が強いことに伴うきわめて新奇な物性現象を高い磁場下で示す．BEDT-TTF 系超伝導体は，安定で良質な単結晶を与え，T_C は最高 13 K で，二次元性に基づく特異的な物性現象を示す．TMTSF および BEDT-TTF 系はともに，物性科学の絶好の研究対象材料である．C_{60} 系は，成分分子の高い対称性による軌道縮退の点，高い T_C をもつ点が非常に魅力的な物質群である．

次節で 10 K 級超伝導体 BEDT-TTF 系と C_{60} 系超伝導体の構造と物性の概略を記す．

7.8 κ-(BEDT-TTF)$_2$[Cu(NCS)$_2$]

BEDT-TTF 分子の電気化学的酸化により，六角板状の黒色単結晶が得られる．図 7.9 は結晶構造で，bc 面内の BEDT-TTF 二次元伝導層（S…S 接触により，二次元的になっている）が Cu(NCS)$_2$ の絶縁体層に a 軸方向で挟まれている．絶縁層と伝導層が交互に a 軸方向で積み重なり，層間には図中の破線で示す原子接触がある．電気抵抗の異方性は $\rho_a : \rho_b : \rho_c = 600 : 1 : \sim 1.2$ と二次元的である．室温から温度を下げていくといったん抵抗は上昇する．90 K くらいから抵抗は減少し始め金属的になり，11 K から急激に落ちて，抵抗 0 になる．

超伝導現象は，2 個の電子が，格子振動を仲立ちとして対（クーパー対）を形

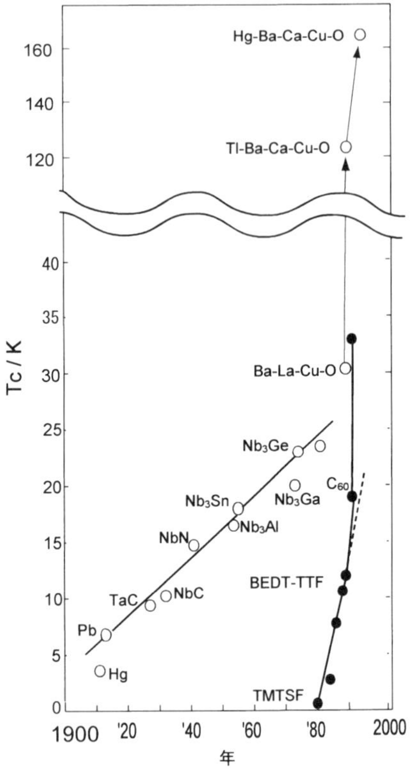

図 7.8　無機物と有機物の超伝導転移温度（T_c）の歴史

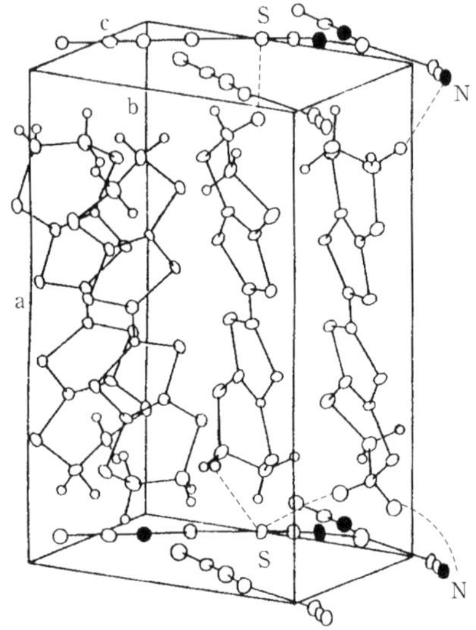

図 7.9　$(BEDT\text{-}TTF)_2[Cu(NCS)_2]$ の結晶構造
破線は BEDT-TTF 分子の外縁にあるエチレン基水素と陰イオン層内の硫黄，窒素原子間の短い原子接触を示す．

成し，それらがボーズ凝縮していることによるとの BCS 理論（1972 年にノーベル物理学賞を受賞した Bardeen，Cooper，Schriefer の 3 人の頭文字をとった理論）で説明される．しかし，この錯体は BCS 理論で説明できない性質をいくつか示す．その一つは同位体効果である．BCS 理論では H（水素）を D（重水素）で置換すると T_c は下がらなければならない．T_c は格子振動と結び付いており，格子振動の振動数は質量の $-1/2$ 乗に比例するからである．ところが，有機超伝導体では逆になる．たとえば，$(BEDT\text{-}TTF)_2[Cu(NCS)_2]$ の 8 個の H を D に置換して T_c を測定すると，10.4 K から 11.1 K に上昇する．この逆同位体効果の理由として，BEDT-TTF 分子の端についている H と陰イオンとの間の相互作用に関連した格子振動が T_C に効いている可能性，H を D で置換することによる微細な構造変化による可能性などがいわれているが，まだ決着がついていない．また，超伝導状態はある磁場で完全に破壊される（上部臨界磁場 H_{c2}）が，H_{c2} の温度変化も異様である．BCS 型の一重項超伝導体では，H_{c2} はパウリ限界と呼ばれる限界が存在する．しかし，$(BEDT\text{-}TTF)_2[Cu(NCS)_2]$ 結晶の bc 面に平行に磁場をかけた場合にはパウリ限界値をこえている．このほか種々の物性が測定されているが，この超伝導体が BCS 理論で説明できるか否かについては明らかでない．

BEDT-TTF 系超伝導体の T_C は，結晶中で BEDT-TTF 分子が占める体積の増加に伴い上昇する．また，10 K 級の超伝導体はモット絶縁体の近傍にあり，境界近傍に近いほど T_C が高い．κ-$(BEDT\text{-}TTF)_2Cu[N(CN)_2Cl]$ は常圧でモット型の半導体であり，少しの加圧で超伝導体に変化する．

7.9　C_{60} 系超伝導体

1990 年に大量合成が可能となった直径約 7 Å の球状空洞分子 C_{60} 分子（C_{60} 分子の発見者 Kroto, Smally は 1996 年ノーベル化学賞）の陰イオンラジカル塩を用い，1991 年に，いくつかの錯体で超伝導が発見され，その T_C は急激な上昇を示した．C_{60}（粉末または薄膜）にアルカリ金属（M）を減圧封管中で加熱蒸着すると，錯体 M_xC_{60} が得られる．M＝K，Rb のとき，$x=3$ が超伝導相で，$x=6$ では絶縁体となる．$x=3$（整数）で金属状態が得られる点は，これまでの有機導電体と大きく異なる点である．中性 C_{60} 結晶は面心立方格子を組み，その三つの空隙（二つの小さな四面体空隙と一つの大きな八面体空隙）に M が一つずつ収まる（図 7.7）．M＝K のとき，アルカリドープに伴い，単位格子の長さは 14.11 Å から 14.24 Å に伸びる．イオンサイズの異なる場合，大きなイオンが八面体空隙を占める．C_{60} 系超伝導体の多くは対称性の高い面心立方格子をもち，単位格子が広がるにつれ T_C は上昇する．NEC 研究所の谷垣（現大阪市立大）らが見出した Cs_2RbC_{60} が最も高い T_C（33 K）をもつ．アルカリ金属の導入による超伝導体での最高 T_C は約 40 K と予想されている．この系の超伝導は BCS 型である．

C_{60} 系超伝導体は，これまでの有機超伝導体よりも T_C や H_{c2} が高く，優れた超伝導体であるが，化学的安定性は非常に劣っている．安定な単結晶を得ることは不可能で，大気に曝すと数分で超伝導性を失う．この反応性の高さを低めることができるなら，三次元超伝導体として，さらなる T_C の向上と応用までをも視野に入れた研究材料に発展するであろう．

有機導電体は以上に述べてきたように本来は一次元性の強い物質である．そのために超伝導の発現が抑えられているのであるが，その一次元性に関連して，1964 年に提出されたリトル（Little）の理論をここで紹介する．この理論はクーパー対形成のための電子間の引力の起因について新しい機構を提唱し，かつ T_C は BCS 理論に比して 100 倍程度高くなると主張するものである．この理論に触発されて，有機導電体，有機超伝導体の研究を始めた研究者も多い．

図 7.10 は，リトル理論の構造モデルである．まず中心に白川，ヒーガー，マクダイアミドの開発した，電気の流れる一次元ポリアセチレン鎖がある．そのまわりに分極しやすい色素分子 R（窒素原子を含むものが多い）を分極性ペンダントとして付加する．まず，最初の電子がくると，分極しやすい分子は図のように分極して電子のまわりに，＋電荷（N^+ で表示）の強い場をつくる．電子はこのような場をつくりながら動いている．この分極場のさざ波を 2 番目の電子が感じそこに入り込む．すなわち，1 番目と 2 番目の電子間に引力の相互作用がはたらいていることになる．この場合には，引力の原因が格子振動ではなく，分極ペンダントの電子分極（電子励起）である．T_C が質量の $-1/2$ 乗に比例するとすれば，電子励起の場合には質量は電子の質量と考えてよいので，リトル理論では

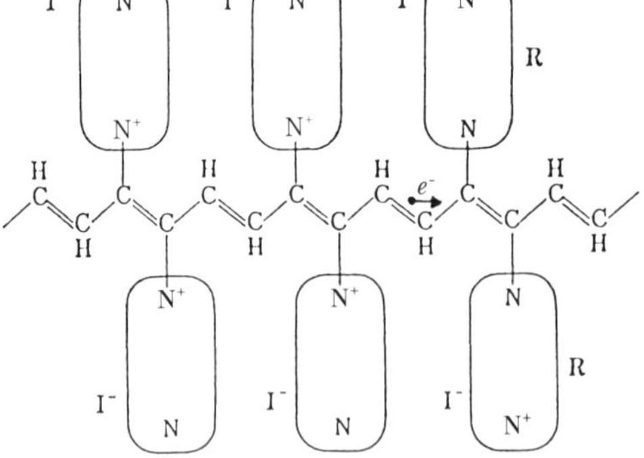

図 7.10　有機超伝導体のリトル・モデル
分極性分子 R が導電性主鎖に化学結合している．

BCS 理論の 100 倍程度すなわち 2,000～3,000 K という高い T_C が期待できる．この理論には種々異論もあり，完全には認められたものではない．しかしながら，この理論は有機超伝導体の研究に大きな夢を与えるものであり，リトル・モデルに適当な物質の開発も今後の仕事であろう．

先に述べた有機超伝導体は，それを構成する分子は非常に小さい．高分子物質ではない．高分子物質が超伝導を示さない理由は全くない．無機高分子の $(SN)_x$，黒鉛層間化合物，黒リンでは超伝導が見出されている．電気の流れる有機高分子は数多く合成されており，どうして超伝導が出ないのかということが不思議である．有機高分子超伝導体は非常に魅力のある分野であり，今後の発展が期待できる．また，先に述べた有機超伝導体のほとんどは成分として一部無機物を含むものである．有機物のさまざまな利点（多様な分子内振動，柔軟な分子構造，柔らかな格子，低融点，有機溶媒への可溶性，低温低圧での高い昇華性など）を生かした真の有機超伝導体は未開発である．

半導体に高い電場をかけて電荷を誘起させる方法（FET：電界効果トランジスター）により，ポリチオフェン誘導体が超伝導体になることが 2000 年に発見された．

8 有機化学と電子移動

電子移動は光合成や呼吸など生体反応のエネルギー獲得プロセスで最も重要な素過程である．その機構を理解する枠組みをつくったことに対し，カリフォルニア工科大学の教授マーカス（Marcus）にノーベル化学賞が 1992 年に与えられたのも記憶に新しい．有機化学の酸化や還元はまさに電子移動そのものであり，電子移動は有機化学にとっても非常に重要な素過程であり，考え方である．電子移動の視点から有機化学を眺めてみようとするのが本章のねらいである．

8.1 置換反応

多くの学生諸君にとって，有機化学の勉強を始めると最初に登場するのが式(8.1)や式(8.2)に示すような置換反応であることが多いのではないだろうか．いずれも高校の教科書に載っている反応である．

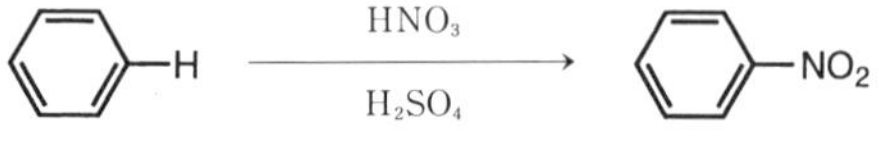

(8.1)

$$CH_3-Br + HO^- \longrightarrow CH_3-OH + Br^- \qquad (8.2)$$

式(8.1)はベンゼンのニトロ化反応，式(8.2)はメチルブロミドの塩基性条件下の加水分解反応である．これらの反応は，大学の教科書では，それぞれ芳香族親電子置換反応（aromatic electrophilic substitution）と脂肪族求核置換反応（aliphatic nucleophilic substitution）に分類されている．少し面倒な言葉が並んでいるので整理してみよう．まず，はじめの「芳香族」とか「脂肪族」とは，反応基質の種類をいっているにすぎない．次に，「置換反応」とは，式(8.3)に示すように，化合物R−Xの置換基Xが他の置換基Yにより置き換わる反応の総称であるが，これが本当に置換反応であるかどうかが本章の一つの重要なテーマである．

$$\mathrm{R{-}X} + \mathrm{Y} \longrightarrow \mathrm{R{-}Y} + \mathrm{X} \tag{8.3}$$

式(8.3)では，基質R−Xも脱離基も中性であるように書いたが，実は式(8.2)に示すように，反応によりR−XやXの荷電状態が変化するのが一般的であり，反応パターンはいろいろあることを理解してほしい．さて，「親電子」や「求核」とは，基質R−Xを攻撃するYの電子的性質を表している．電子豊富なYは，少し陽電荷を帯びた炭素を攻撃するので，求核剤（nucleophile）と呼ばれ，こういう反応を求核反応と呼ぶ．式(8.2)では，水酸化物イオン（HO^-）が，Yに当たる．一方，電子不足なYは電子豊富なサイトと反応するので，親電子剤（electrophile）と呼ばれ，主に不飽和結合のπ電子や非共有電子対と反応する．式(8.1)では，親電子剤はニトロニウムイオン（$NO_2{}^+$）であり，これがベンゼン環のπ電子と反応する．

基質R−Xの炭素の性格は，Xの性質，つまりXが電子吸引性か電子供与性かで決まるが，おおざっぱにいって，炭素に結合している原子の電気陰性度で決まると考えてよい．実はとても簡単である．原子の電気陰性度が周期律表の上にいくほど，また右にいくほど大きくなることに注意して，有機化学の中心プレーヤーである炭素（C）との関係を考えればよい．電気陰性度の順を示す式(8.4)の関係は有機化学を理解する上で，非常に重要である．

$$\mathrm{Mg, Li} < \mathrm{H} < \mathrm{C} < \mathrm{N, O, S,}\ \text{ハロゲン} \tag{8.4}$$

式(8.2)のメチルブロミドでは，臭素の方が炭素よりも電気陰性度が大きいために，以下に示すように炭素が少し陽電荷を帯びており，HO^-で攻撃されることになる．この反応形式が脂肪族求核置換反応である．この際，炭素が最高でも4価，つまり四つしか他の原子と手をつなげないことを考慮すると，機構的には，新しい結合ができるのと切れるのが同時に進行すると考えるか，あるいはいったん切れてカルボニウムイオンが生成してHO^-と反応するかの2通りのシナリオしかなく，それぞれ，S_N2反応，S_N1反応と呼ばれている．いろいろな理由から，メチルブロミドの置換反応は，S_N2 反応で進行すると考えられているが，ここではこれ以上の議論はしない．

8.2 ニトロ化反応

一方，式(8.1)で表されるベンゼンのニトロ化反応はどうなっているのであろうか．まず，硝酸や硫酸の構造を書いてみよう．ちゃんと書けるだろうか？

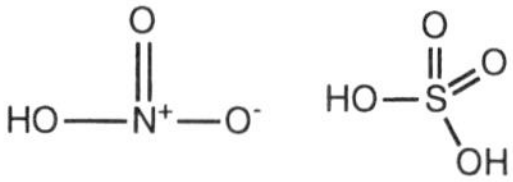

大学で教えていると，硫酸はともかく硝酸の構造を書けない学生が多くて愕然とすることが多い．ベンゼンのニトロ化反応では，濃硝酸と濃硫酸を混ぜて混酸をつくり，それでニトロ化を行う．この反応での濃硫酸のはたらきは，① 強酸である，② 強力な脱水剤である，の 2 点にあると考えてよい．濃硝酸は酸としてはそれほど強くないが，酸化作用があることを指摘しておこう．

(8.5)

(8.6)

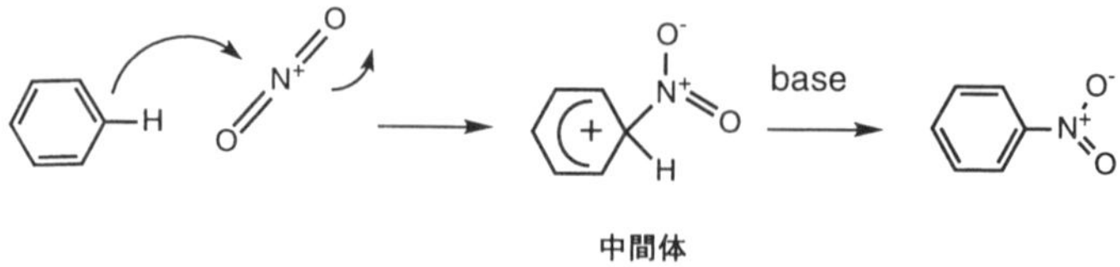

(8.7)

まず，濃硝酸が濃硫酸によりプロトン化され（式(8.5)），続いて，濃硫酸の脱水剤としてのはたらきによってニトロニウムイオン（NO_2^+）が生成する（式(8.6)）．ニトロニウムイオンは二酸化炭素と等電子構造をもつ直線状分子であり，特徴的な黄褐色を示す．また，窒素上に陽電荷を帯びており，非常に電子不足な化学種である．ニトロ化反応では，これが親電子剤となり，ベンゼンを攻撃する（式(8.7)）．ニトロニウムイオンは，最も電子不足である窒素でベンゼンの π 電子を攻撃して中間体を生成し，その後，系中の塩基の作用でニトロ基の付け根の水素がプロトンとしてとれて，ニトロ化反応が完結する．芳香族基質であるために，置換サイトの炭素が不飽和であり，いったん親電子剤とつながって4価の炭素になり，芳香族性に安定化のために，再びベンゼン環を再生する．式(8.7)の最初の反応，つまりニトロニウムイオンとベンゼンの反応が律速過程であり，続く脱プロトン化反応は律速ではないという事実もニトロ化反応を理解する上で重要であるが，ここでは詳しくは議論しない．この反応様式は，付加-脱離反応とでも呼ぶべき反応であり，基質が不飽和結合をもつ場合に限って可能であり，脂肪族基質では原理的に不可能である．一方，式(8.8)に示す臭素の付加反応では，炭素-炭素二重結合に2個の臭素が付加するのみで，親電子付加反応と呼ばれる．ベンゼンのニトロ化反応では，形式上ベンゼンの水素がニトロ基で置換された反応となるため，親電子置換反応と，ことさら「置換」反応様式を強調して呼ばれているわけである．

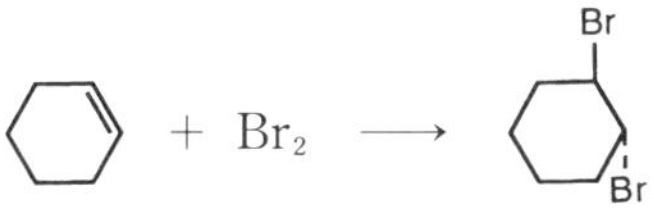

(8.8)

8.3 酸化と還元

本題に戻って，有機化学における酸化反応や還元反応について考えてみたい．有機化学では，まず炭素の立場で酸化とか還元を考えることが肝心である．炭素-水素結合，炭素-炭素結合，炭素-酸素結合，炭素-窒素結合などでは，結合に関与する原子が電子を1個ずつ共有しあって結合を生成しているが，ここでは，炭素の電気陰性度との違いでこれらを大胆に分類して，共有結合にかかわる電子の帰属を決めてしまうことにする．

クラスA	Li−C，Mg−C，H−C	炭素電子数2
クラスB	C−C	炭素電子数1
クラスC	C−N，C−O，C−S，C−halogen	炭素電子数0

式(8.4)の電気陰性度の順に従って，クラスAでは，リチウムやマグネシウムは炭素よりも電気陰性度が小さいので，共有結合に関与する2個の電子を炭素が

所有しているとして数えることにする．水素の場合も同様に炭素がもっていると数える．次に，炭素-炭素結合は同じ電気陰性度だから，1個ずつもちあっていると数える（クラスB)．最後に，炭素よりも電気陰性度の大きな原子との共有結合では，2個の電子は，結合した原子がもっていると数えることにする（クラスC)．本当は，いずれの場合もほぼ結合の中央付近の電子密度が大きいが，便宜上，このように数えると簡単で便利である．例として，次に示す順に，炭化水素，アルコール，アルデヒド，カルボン酸と酸化が進むことは，炭素の電子数を数えることにより容易に理解できる．末端炭素の電子数が，7，5，3，1の順で減っている．

$$R-CH_3 \longrightarrow R-CH_2OH \longrightarrow R-CHO \longrightarrow R-CO_2H$$

8.4 酸化，還元の見極め

炭素まわりの電子数を数えることができると，有機反応が酸化か還元かあるいはそのいずれでもないかを判別することができる．また，炭素基質以外の試薬の電子数の変化から，酸化剤あるいは還元剤としてはたらいたのはどのような化学種かを見極めることができ，これまた有機反応を理解する上で重要である．まず，式(8.8)の臭素付加反応を考えてみると，二重結合部分の炭素は3個の炭素と結合し1個の水素と結合しており，その電子数は5個と数えられる．一方，ジブロモ付加体の対応する炭素では，炭素-炭素二重結合がなくなって，代わりに臭素がついており，炭素との結合二つにそれぞれ1個の電子と水素との一つの結合に2個の電子，合わせて4個の電子をもっていることになる．したがって，臭素化反応に伴い，二重結合の炭素それぞれが1個の電子を失っており，シクロヘキセン全体では2個の電子を失っていることになる．なにが電子を受け取ったか（酸化剤はなにか）といえば，むろん臭素であり，臭素が酸化剤としてはたらいたことになる．上の取り決めの数え方に従えば，臭素は反応前は，臭素-臭素単結合に由来する1個の電子をそれぞれもちあっていたが，反応後は炭素との共有結合に由来する2電子を所有していると数えることになり，臭素化に伴い，2個の電子を新たに獲得したことになるからである．

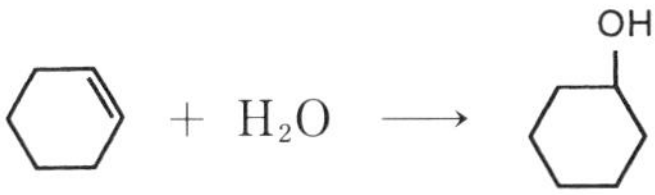

(8.9)

次に，シクロヘキセンへの水の付加により，シクロヘキサノールが生成する反応式(8.9)について考えてみよう．まず，自分で数えてみてほしい．シクロヘキサノールの水酸基のついている炭素の電子数は4個で，一見，酸化されているようにもみえるが，隣のプロトンの付加した炭素では6個の電子をもっており，水の付加により構造の変化した2個の炭素の電子数は，合計10個で原料のシクロヘキセンと変わらない．当たり前かもしれないが，重要なこととして，「有機物を水と徹底的に反応させても酸化も還元も起こらない」ことを理解してほしい．つまり，水はプロトン（H^+）と水酸化物イオン（HO^-）からなるが，いずれも有機物に付加しようが，脱離しようが酸化にも還元にも関係ない．水素–炭素結合の電子はすべて炭素のものとして数えるわけだが，H^+ は電子をもたないので，炭素骨格に付加しても電子の増減はない．同じことが HO^- の場合にもいえ，HO^- の電子対で炭素骨格に結合してもこの電子対の2電子は酸素のものと数えるわけで，炭素骨格の電子数に変化はない．つまり，ここで議論している「有機物の同じ酸化状態」とは，水と徹底的に反応させた場合，同じ構造になる化合物のファミリーのことである．面白いことに，式(8.9)の逆反応もまた，酸化でも還元でもないため，単なる酸触媒で行えるが，式(8.8)の逆反応は還元反応であり，酸や塩基では行うことができず，還元剤が必要である．実際，式(8.8)の逆反応を行うためにヨードイオン（I^-）や金属亜鉛などの還元剤が必要である．

8.5　ニトロ化反応は置換反応か

式(8.8)と式(8.9)は，形式は同じ付加反応であるが，酸化還元の立場では異なることがわかる．有機化学反応は，酸化・還元反応の縦糸と，同じ酸化状態にある有機物の相互変換を行う置換反応の横糸からなる重厚な織物ともみることができ，いろいろな反応をこうした視点で眺めると，いろいろなことがわかってくる．

さて，式(8.1)をこうした視点から眺めてみると，どうなるであろうか．ニトロ基が結合した炭素は，反応前は5個の電子をもっていたが，反応後は3個しか電子をもっていない．したがって，これは酸化反応である．つまり，ニトロニウムイオンの窒素との結合に使われたのは，もともとはベンゼンの π 電子であり，ベンゼンの炭素のもつ電子であったが，ニトロ化反応後は，窒素にとられている．こうしてみると，ハロゲン化反応やスルホン化反応やフリーデル-クラフツ（Friedel-Crafts）反応など，親電子置換反応のほとんどは，酸化反応であることがわかる．教科書の「親電子置換反応」という分類に惑わされることなく，反応の本質を理解することが肝心である．

いろいろな試薬をこうした立場でみると，プロトンは酸化剤でも還元剤でもないが，水素原子（H･）が炭素骨格に付加すれば一電子還元剤になり，ハイドライド（H^-）が炭素骨格に付加すれば二電子還元剤となる．ケトンやアルデヒドをアルコールに還元するのによく使われる水素化リチウムアルミニウムヒドリド（$LiAlH_4$）や水素化ホウ素ナトリウム（$NaBH_4$）などのハイドライド試薬は典型的な二電子還元剤である．同じ理由で，水酸化物イオン（HO^-）は酸化剤でも還元剤でもないが，ヒドロキシラジカル（HO･）やヒドロキシカチオン（HO^+）は，それぞれ一電子酸化剤，二電子酸化剤である．だから，過酸（$RCO_3H = RCO_2{}^- + {}^+OH$）やハロゲン（$X_2 = X^+ + X^-$）が酸化剤であることが理解できる．

8.6 グリニャール反応

次に，グリニャール（Grignard）反応について考えてみよう．通常の教科書では，ベンゾフェノンとフェニルグリニャール試薬との反応は式(8.10)に示すように，1段階のイオン反応で進むように書いてある．反応前のカルボニル炭素の電子数は2個であるが，付加体では3個に増えており，還元反応であることがわかる．マグネシウムは炭素よりも電気陰性度が小さいので，グリニャール反応では，事実上，フェニルアニオンのような化学種がカルボニル炭素を攻撃すると考えると理解しやすいかもしれない．しかし，最近の研究によれば，グリニャール試薬からベンゾフェノンへ，まず1電子移動して，ケチルラジカルとフェニルラジカルが生成し，それらがラジカル的に結合して生成物を与えるルートが存在することが証明され，ここでも電子移動過程の重要性が見直されている．興味深いことに，ラジカル中間体は実は二量体構造をとっていることが実験的に示され，これは理論的にも証明されている．先に述べたハイドライド試薬による還元反応でも同様に電子移動経由の機構が提唱されている．

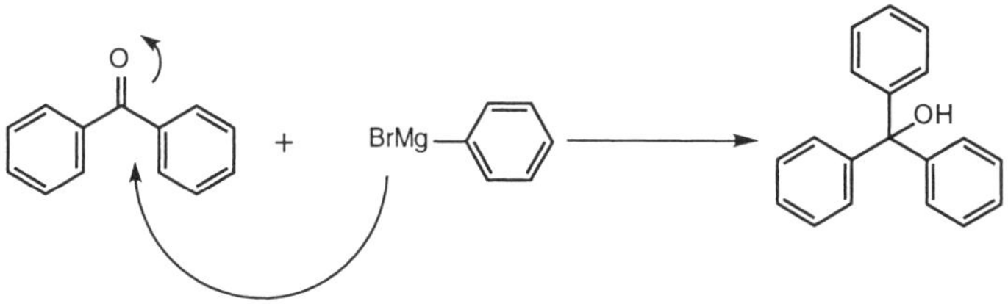

(8.10)

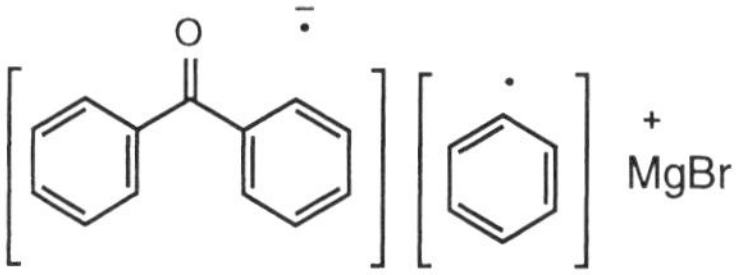

電子移動機構の中間体

これからは，いろいろな有機反応を酸化-還元の視点で見直してほしい．そうして，どのような化学種が酸化活性や還元活性があるかを見極めてみよう．そういったトレーニングは有機化学の実力向上にきっと役に立つに違いない．

8.7　光合成と光誘起電子移動

最後に，式(8.11)の光合成を，有機物の酸化や還元という視点からみてみよう．

$$6CO_2 + 12H_2O + \text{太陽光} \longrightarrow 6C_6H_{12}O_6 + 6O_6 \qquad (8.11)$$

まず，光合成の明反応の最初のステップは，クロロフィル二量体から別のクロロフィルへの電子移動反応であるが，これはたった2〜3 ps（ピコ秒）で完結する非常に速い反応である．ちなみに，3 psの間に光はたった0.9 mmしか進まない．こうした光合成反応中心の話も実に面白いが，詳しい解説をしている余裕はない．ここでは，光誘起電子移動について，基本的な考え方だけを解説する．

植物の光合成でも暗所では，全く電子移動しないが，光照射するとただちに電子移動するのはなぜだろう．電子ドナーと電子アクセプターのフロンティア軌道が図8.1に示したようになっていると考えればよい．電子ドナーの最高被占軌道（HOMO）にある電子が電子アクセプターの最低空軌道（LUMO）に移動するのはエネルギー的に不利（吸熱的：ほかからエネルギーを供給しないと反応できない）であるが，電子ドナーが光励起されるとLUMOに電子が一つ入った状態

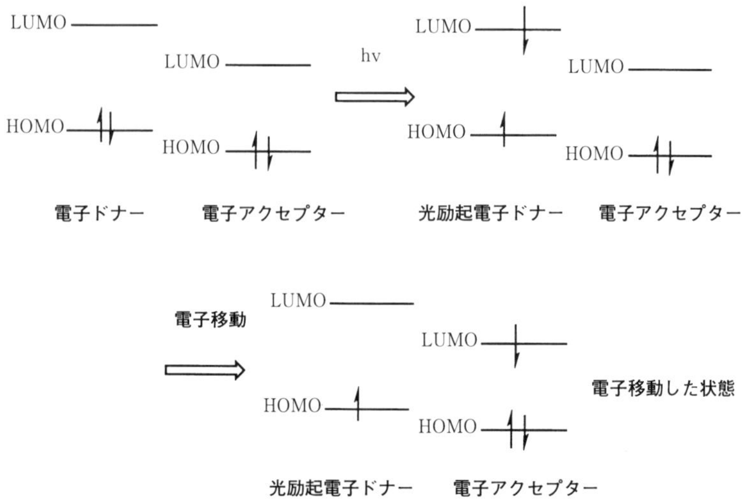

図 8.1　電子ドナーと電子アクセプターのフロンティア軌道

となり，これだと，電子アクセプターのLUMOへの電子移動がエネルギー的に有利（発熱的，自発的に進行する）になり，速やかに進行するのである．つまり，吸収された光エネルギーの分だけ，反応系が活性化されて，電子移動が起こる仕組みになっている．マーカスの電子移動理論は，電子ドナーと電子アクセプターの間の軌道のオーバーラップとこうした電子移動に伴う自由エネルギー変化と電子移動を引き起こすためのエネルギーの大きさの兼ね合いで電子移動速度が決まることの枠組みを予測したものである．

さて，電子移動した状態で，電子アクセプターのLUMOにある電子は高いエネルギー状態にあり，電子ドナーのHOMOの軌道に発熱的に電子移動することが可能である．もし，この電子がもとの軌道に戻ってしまうのであれば，もとの木阿弥で，これでは，光励起電子移動をエネルギー獲得手段として使えないことになってしまう．そこで，光合成では，生体膜中に複数の電子キャリアーを配置して次々と電子移動を行い，電子ドナーと移動した電子を引き離してしまうのである（図 8.2）．

光合成過程（式(8.11)）を酸化還元の立場でみると，炭素の最も酸化された状態である二酸化炭素を還元してデンプンをつくり，炭素の電子数を増やしていることがわかる．つまり，デンプンの炭素-炭素結合や炭素-水素結合の中に電子の

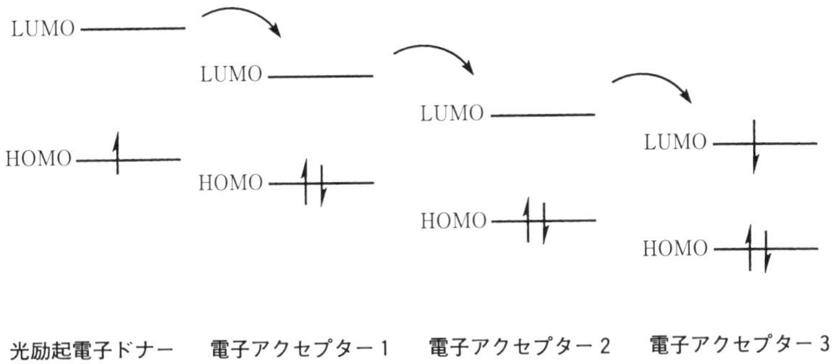

図 8.2　光合成における電子移動

形でエネルギーを蓄えているのである．これらをゆっくりと燃やしていく，つまりデンプンを酸素で燃やしていく過程が式(8.11)の逆反応に相当し，これが呼吸に相当する．呼吸とは，炭素や水素から電子を離していく発熱過程であり，こうしてエネルギーを取り出すことができる．もっと一般化すると，炭素や水素の還元状態を進めるとエネルギーが上昇し，酸化状態を進めるとエネルギーレベルが低下する．

こうした視点からみると，地球上の光合成の長年の営みにより，地球の「大半の電子」は化石燃料として，石炭や天然ガス石油の形で地下に蓄えられて，酸素と隔てられたことがわかる．一方，もう一つの光合成の産物である酸素は大気中に出て，鉄などに吸収されながら，ゆっくりと増加し，動物の呼吸などに使われてきたことがわかる．現在，われわれ人類がやっていることは，化石燃料中に電子の形で蓄えられたエネルギーを燃やして，大気に拡散し，悪戯に水と二酸化炭素をつくっていることにほかならない．車に乗ってガソリンを使ったり，火力発電所で大量の石油を消費したりしているだけでなく，人間も含めた動物の生きる行為のすべてが，エネルギー的には，光合成によって蓄えられた電子のエネルギーに依存していることを自覚する必要がある．有機化学の立場で考えても，炭素-炭素結合や炭素-水素結合をもつ化石資源は，有用な有機化合物合成のための貴重な原料であり，これをただ，エネルギーを取り出すために燃やすのは，いかにももったいない．エネルギーだけでなく，物質の循環サイクルもつくり上げ，これからの地球環境を守っていくのが，化学者に課せられた今後の大きな課題の一つである．

コーヒーブレイク⑦

ケクレと有機化学

19 世紀の後半に炭素の化学,「有機化学」が化学の表舞台に登場し，化学は大きく発展し始める．そこで大きな役割を演じたのはケクレである．彼はメタンの一連の誘導体の研究から，炭素の原子価が 4 であると考えた．さらに，エタンと一連の炭化水素に炭素-炭素間の結合を仮定した．こうして，炭化水素についての多くの実験事実がうまく説明された．しかし，ベンゼンの化学式をどう表すべきかについては，さらに長い年月の模索が必要であった．いろいろな試みの後に彼が辿り着いたのは六角形のモデルで，ここに示すものである．これは，われわれが今日ケクレ構造と呼んでいる構造式とは異なっているが，ベンゼン置換体における，オルト，メタ，パラなどの異性体の存在を見事に説明し，それ以後六角形のベンゼンの化学式は多くの化学者が信じるものとなった．ケクレはこの構造を，暖炉の前でまどろんでいるときに，ヘビが尻尾をくわえて回っている夢をみて思いついたという面白い話が後世に伝えられているが，それが真実かどうかには，多少疑問もあるようだ．

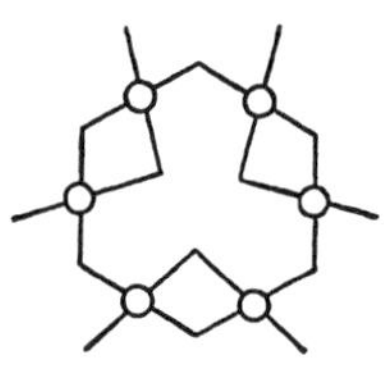

ケクレのベンゼン

9
有機合成の最前線
—触媒的不斉合成—

9.1　キラル/アキラル

ものの形の分類方法の一つとして，「キラル（chiral）」であるか，あるいはそうでない「アキラル（achiral）」であるかによる分類がある．鏡に映した形（鏡像）がもとの形（実像）と異なるものがキラルである．身近な例では手，手袋，はさみ，プロペラなどがキラルである．これらは鏡に映してみると，その像はもとの形とは一致しない．鏡の中では右手は左手に，右手用の手袋は左手用の手袋になる．これに対し，野球ボール，コップやメガネはアキラルである．絵柄，文字などの細部を無視すればその鏡像は実像に一致する．キラルな物質で互いに鏡像の関係にある二つのものは（1 対の）「鏡像異性体」または「対掌体（enantiomer）」と呼ばれる．1 対の鏡像異性体はそれらが単独に存在するときは「同じ」物質であるが，鏡像異性体が相互作用するときには「同じ」ではなくなる．たとえば右手用の手袋は右手には容易にはめられるが左手には合わない．このような「キラル」であることに由来する相互作用の問題は，目にみえる身近な世界に限られたものではなく，目にみえないミクロな分子の世界でも重要な役割を演じる．それは多くの分子がキラルな構造をもつからである．特に生命現象をつかさどる核酸，タンパク質などはすべてキラルであり，一方の鏡像異性体から成り立っている．その構成単位である糖，アミノ酸などの小分子からそれらの集合体である核酸，タンパク質などの巨大分子，さらにはそれらがつくり出す三次元構造（例：DNA の二重らせん構造）までキラルである．そのためこれら生体構成物質は，右手用の手袋は右手にしかはまらないように，キラルな化合物の 1 対の鏡像異性体と互いに異なる相互作用を示す．つまり生体は一般に生理活性物質の鏡像異性体を別々の化合物として認識することになる．

簡単な化合物を例にとって，分子の「キラル」についてもう少し詳しく説明する．正四面体構造をもつ炭素原子に結合する四つの置換基がすべて互いに異なると，その分子の鏡像はもとの実像とは重ねあわせることはできない．このときこれら二つの化合物はキラルであり，1対の鏡像異性体をなす．鏡像異性体の関係にあるこれらの化合物は単独で存在するときは，沸点，融点や赤外吸収スペクトル，核磁気共鳴スペクトルなどの物理的性質は全く同じである．ただ，それらはその光学的性質が異なる．一方が平面偏光を右に回す（右旋性）性質をもつとき，その鏡像異性体は平面偏光を左に回す（左旋性）性質をもつ．そのため鏡像異性体は「光学異性体」とも呼ばれる．また1対の鏡像異性体が同じ量混ざっているものは「ラセミ体」，一方が他方より多く存在しているものは「光学活性体」といわれる．鏡像異性体のどちらがどちらの異性体であるか（絶対配置という）を一義的に表記するために，通常 R/S 表示が使用される．図9.1に示す乳酸の例では，右旋性（＋）を示す異性体が R，左旋性（－）を示す異性体が S の絶対配置で表される．次節で説明する不斉合成には鏡像異性体過剰率（enantiomeric excess, % ee）という用語がしばしば登場するが，これは鏡像異性体の混合の度合いを表す数値であり，$([R]-[S])/([R]+[S])\times 100$ の絶対値である．ラセミ体であれば0% ee，一方の鏡像異性体のみであれば100% ee，R 体と S 体が95：5の比で存在する混合物であれば90% ee ということになる．

前述のように，生体はキラルな分子によって構成されている．たとえば，タン

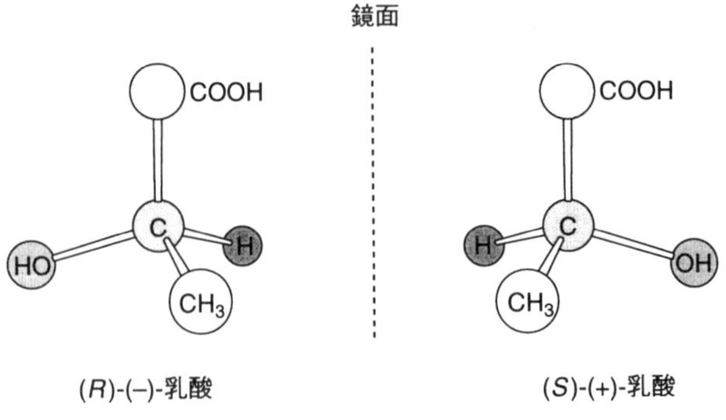

図 9.1　乳酸の鏡像異性体

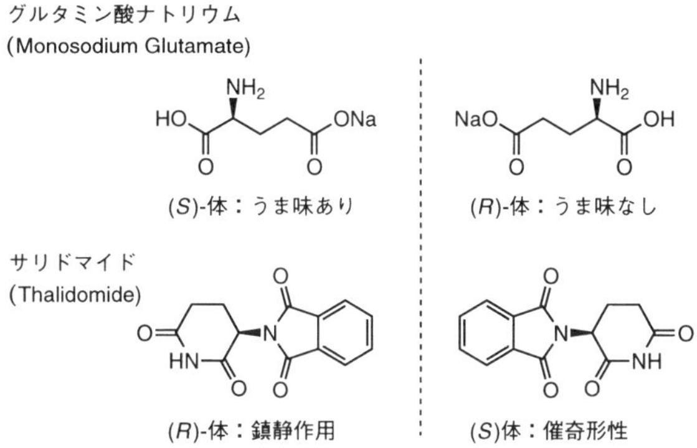

図 9.2 鏡像異性体と生理活性

パク質は S の絶対配置をもつ多数のアミノ酸が結合して成り立っている．そのため生体はキラルな化合物の鏡像異性体と相異なる相互作用をする．その相互作用の違いは鏡像異性体の味や香りなど生理活性の違いとなって認識されることになる．たとえばグルタミン酸ナトリウムは，S 体には特有のうま味があるが，その鏡像異性体である R 体にはうま味はない．またキラルな構造をもつ医薬品の薬理作用も当然 1 対の鏡像異性体では互いに異なる．この場合には人間の生命にかかわる問題であり，きわめて慎重な取り扱いが必要になる．残念な例としてサリドマイド薬禍事件があげられる．サリドマイドの R 体は鎮静作用を示すが，S 体には催奇形性がある．生体内でサリドマイドがラセミ化することを示す報告があり，事情は単純ではないが，医薬品の生理作用が鏡像異性体で致命的に異なることを示す典型的な例である．最近では，キラルな構造をもつ医薬品はすべてその薬効のある一方の鏡像異性体のみとして供給されることが要求されるようになった．目的とする一方の鏡像異性体の合成手法の確立が有機合成化学の最重要課題となっている所以である（図 9.2）．

9.2 不斉合成の基礎

キラル化合物とはなにか，また鏡像異性体がなぜ重要かについて簡単に述べてきた．目的とする一方の鏡像異性体の入手方法として，① 入手が容易な鏡像異性体から適切な化学変換により目的とする化合物へ誘導する，② ラセミ体を入手しこの混合物をそれぞれの鏡像異性体に分離する（光学分割といわれる），③ 一方の鏡像異性体を選択的に合成する，の三つの方法がある．目的とする化合物の構造によりこれらの方法を使い分けることが必要であるが，もし十分高い鏡像異性体過剰率（% ee）の目的物が効率よく得られるならば，③の方法，すなわち不斉合成法が最も優れた方法になる．①では原料となりうる鏡像異性体の種類は限られており，②では効率よく光学分割できたとしても目的とする鏡像異性体は原理的に半分しか存在せず，残りは不必要な鏡像異性体であるからである．

不斉合成は，新しく形成される分子の構造や反応の形式などにより，いくつかのパターンに分類されるが，ここでは最も典型的な例であるカルボニル基への付加反応を例として説明する．アセトフェノン(1)に水素化アルミニウムリチウム（$LiAlH_4$）のヒドリドが求核的に付加すると，還元生成物である1-フェニルエタノール(2)が得られる（図9.3）．このとき1はsp2炭素を含むアキラルな化合物であるが，生成物2のsp3中心炭素は互いに異なる四つの置換基Ph，Me，H，OHを含んでおり（不斉炭素という），2はキラルな化合物である．この反応は鏡像異性体である*R*-2と*S*-2を等量与える．つまり2はラセミ体として生成する．それは*R*体を与える遷移状態（transition state）と*S*体を与える遷移状態は互いに鏡像異性体の関係にあり，遷移状態のエネルギーは全く同一だから

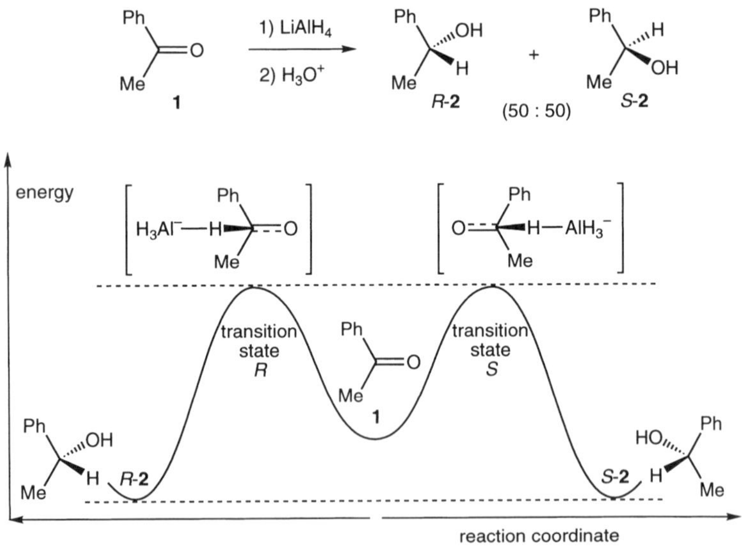

図9.3　ラセミ体の生成物を与える反応座標

である．このように特別の工夫のない通常の反応条件下では $R/S=50/50$ のラセミ体が生成する．

求核剤（この場合は還元剤）としてキラルな化合物を用いると，遷移状態のエネルギーは同一ではなくなる．その結果ラセミ体ではなく光学活性な生成物が得られる．これが不斉合成である．たとえば，(*S*)-ビナフトールから誘導される (*S*)-LiAlHL*(**3**) を不斉試剤としてアセトフェノン(**1**)の還元を行うと，*S*-**2** が *R*-**2** より優先的に生成する．二つの遷移状態には同じ絶対配置をもつキラルな還元剤と互いに異なる絶対配置の生成物になろうとする部分構造が含まれており，これらの二つの遷移状態はもはや鏡像異性体の関係ではない．この関係にある遷移状態をジアステレオメリックな（ジアステレオマーの関係にある）遷移状態という．「ジアステレオマー」とは複数の不斉ユニットをもち，かつそのうちの一部は同じ絶対配置で，他は逆の絶対配置である構造である．実際に −100℃ でこの不斉反応を行うと，$S/R=97.5/2.5$，すなわち 95% ee(*S*) の光学活性ア

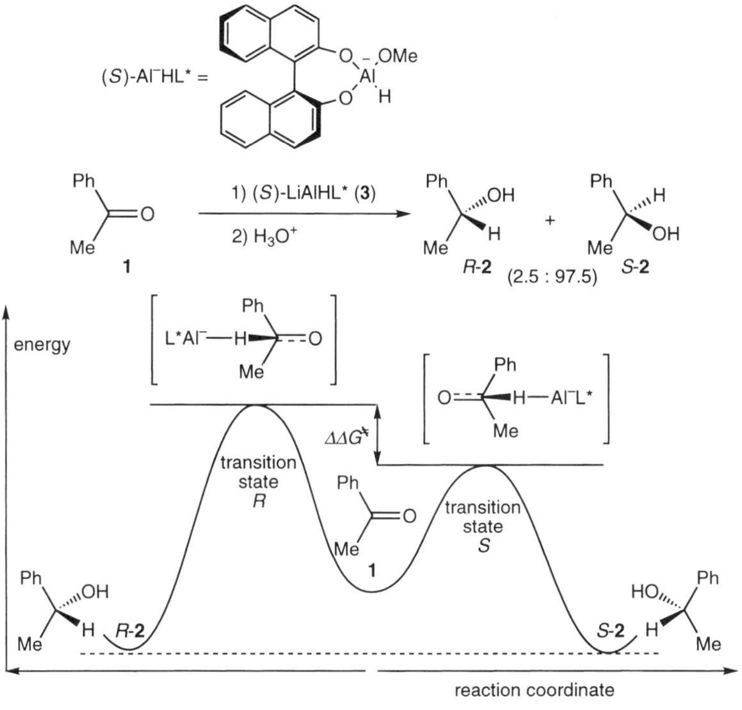

図 9.4 光学活性な生成物を与える反応座標

ルコールが得られる．この場合活性化エネルギーの差は，$\Delta\Delta G = -RT\ln[S]/[R]$ より，1.3 kcal/mol と算出される．このエネルギー差が大きいほど効果的な不斉合成がなされる．0℃ の反応で 99% ee（$S/R=99.5/0.5$）の生成物を得るためには，活性化エネルギーの差は 2.9 kcal/mol が必要になる．なお，生成物であるアルコール **2** は鏡像異性体であり，*R* 体と *S* 体のエネルギーが同じであることは図 9.3 においても図 9.4 においても変わらない．

9.3 触媒的不斉合成

図 9.4 の不斉反応では，反応基質であるアセトフェノンと同量，あるいはそれ以上の不斉還元剤を用いて反応を行ったが，この方法では 1 分子の光学活性分子を合成するために 1 分子の光学活性試薬が必要になる．もし触媒量の不斉試剤で不斉反応が実現できれば，極微量の不斉源から多量の光学活性化合物が得られることになり，その実用的価値は飛躍的に向上する．これが触媒的不斉合成である．

(1) ルイス酸触媒

有機化学反応を加速する触媒作用を示すさまざまな物質が知られている．たとえばカルボニル基をもつ化合物の反応は酸により触媒されることが多い．カルボニル酸素に酸が配位することによりカルボニル基が活性化され，求核攻撃を受けやすくなることが知られている．適切な構造をもつキラルな酸を設計すれば，酸触媒反応の不斉化の可能性がある．ホウ素やアルミニウムのような典型金属はルイス酸性を示し，またキラルな構造を設計しやすいので不斉触媒としてしばしば用いられてきた．図 9.5 に示すアセトフェノン (**1**) の触媒的な不斉還元の例では，光学活性なルイス酸として触媒量（**1** に対して 10%）のホウ素化合物 **4**，化学量論量のアキラルな還元剤としてボラン（BH_3）が用いられている．反応中間体として **5** が提案されているが，*S*-**2** を与える中間体 *S*-**5** は *R*-**2** を与える中間体 *R*-**5** に比べてアセトフェノン上のフェニル基と不斉触媒 **4** の環構造との立体反発により不利になっている．その結果，*R*-**2** が *S*-**2** より多く生成することになる．この例では 96% ee の *R*-アルコールが得られる．キラルなルイス酸触媒は不斉還元のほかに，不斉アルドール反応，不斉ディールス-アルダー反応など有機合成化学上有用かつ基本的な炭素骨格形成反応で効力を発揮する．触媒的不斉

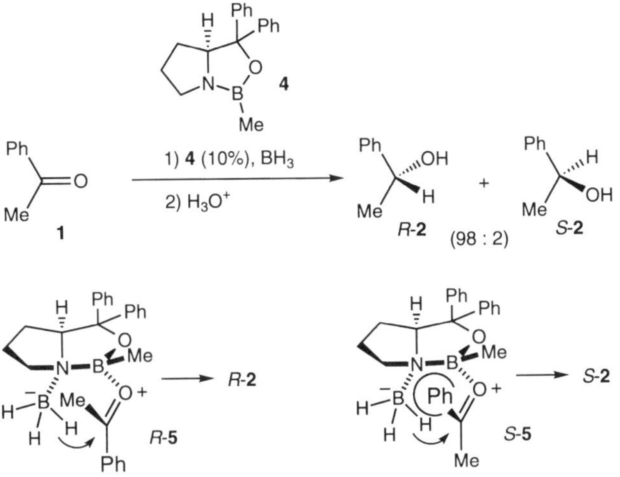

図 9.5　キラルなルイス酸触媒を用いた不斉還元

合成ではできるだけ少量の触媒を用いるのが望ましいが，ルイス酸を用いる反応では触媒量の低減が一般的に困難であるという弱点がある．図 9.5 の例では，10% の触媒が使用されている．

(2)　遷移金属錯体触媒

遷移金属錯体触媒反応は，ここ 30 年ほどの間に急速に進歩してきた．この触媒反応の反応機構を理解するためには，有機金属化学の基礎知識が必要である．ここでは反応機構について詳しくは述べないが，簡単にいえば金属触媒上で反応に関与する二つ以上の反応基質が同時に活性化され，これらが触媒上で新たな結合を形成し，その後触媒から離れ，また新しい触媒サイクルが始まる．遷移金属錯体触媒反応では，オレフィンの水素化のようなよく知られた反応のほかに，酸化反応や炭素-炭素結合生成反応など多様な反応がごく少量の触媒の存在下で効率よく進む．遷移金属錯体触媒反応を不斉化するためには不斉認識能の高いキラルな金属錯体を設計する必要があるが，そのために遷移金属と親和性の高いキラルな配位子を用いるのが一般的な手法である．これまでに説明してきたケトンの不斉還元も，適切な触媒金属の選択と適切なキラル配位子の選択による触媒上での効果的な不斉環境の構築により実現できる．たとえばビナフチル骨格をもつキラルなビスホスフィン(*R*)-BINAP(**6**)が配位したルテニウム錯体は，アセト酢

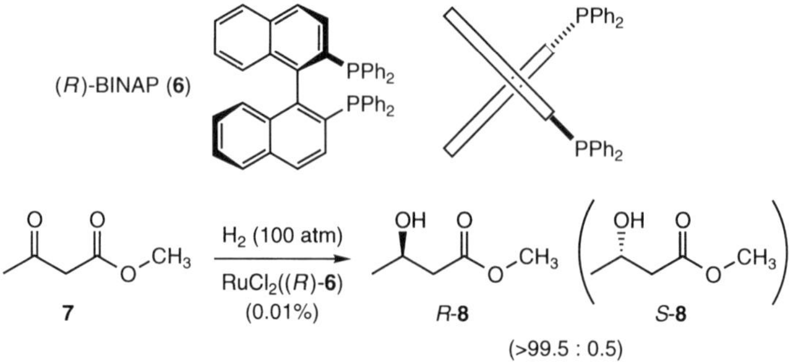

図 9.6　ルテニウム触媒を用いた不斉水素化反応

酸メチル(7)などのケトンの不斉水素化反応のきわめて効率の高い不斉触媒となる（図 9.6）．このルテニウム錯体は触媒効率が高く，ケトンの 10,000 分の 1 以下の量で水素を用いた還元反応を定量的に進行させることができる．立体選択性もきわめて高く，7 から得られるアルコール 8 の鏡像異性体過剰率は 99% ee 以上，すなわちほぼ純粋な光学活性体として目的とするアルコールを入手することができる．実際このようなカルボニル化合物のルテニウム触媒不斉水素化反応により，β-ラクタム抗生物質の合成中間体が工業的に生産されている．また，ロジウム触媒を用いたオレフィン類の不斉水素化反応も光学活性な非天然アミノ酸などの生産に使われている．図 9.6 で使用された不斉配位子（*R*）-BINAP(6)の不斉構造は，通常の炭素中心不斉ではなく，ビナフチルが「はさみ」のようなキラルな骨格をもつことに由来する．このような不斉構造は軸不斉といわれるが，軸不斉ビナフチルは効果的な不斉環境を構築できることが多く，不斉配位子の基本骨格としてしばしば用いられる（図 9.4，9.7 にも登場する）．

筆者の研究室では，遷移金属錯体が多種多様な不斉合成反応を触媒する可能性に惹かれて，新しい触媒反応の開発や，より効果的な不斉環境の設計に取り組んでいる．特に，通常の有機反応や，酸・塩基触媒ではなしえない新しいタイプの不斉触媒反応を試みている．図 9.7 に紹介するのは，(a) オレフィンの不斉官能基化反応の例としてパラジウム触媒不斉ヒドロシリル化，(b) 不斉炭素-炭素結合生成反応の例としてロジウム錯体触媒を用いた α,β-不飽和カルボニル化合物への 1,4-付加反応の不斉化，(c) 新しいタイプの不斉炭素-炭素結合生成反応の例としてイミンの不斉アリール化反応による光学活性アミンの不斉合成，であ

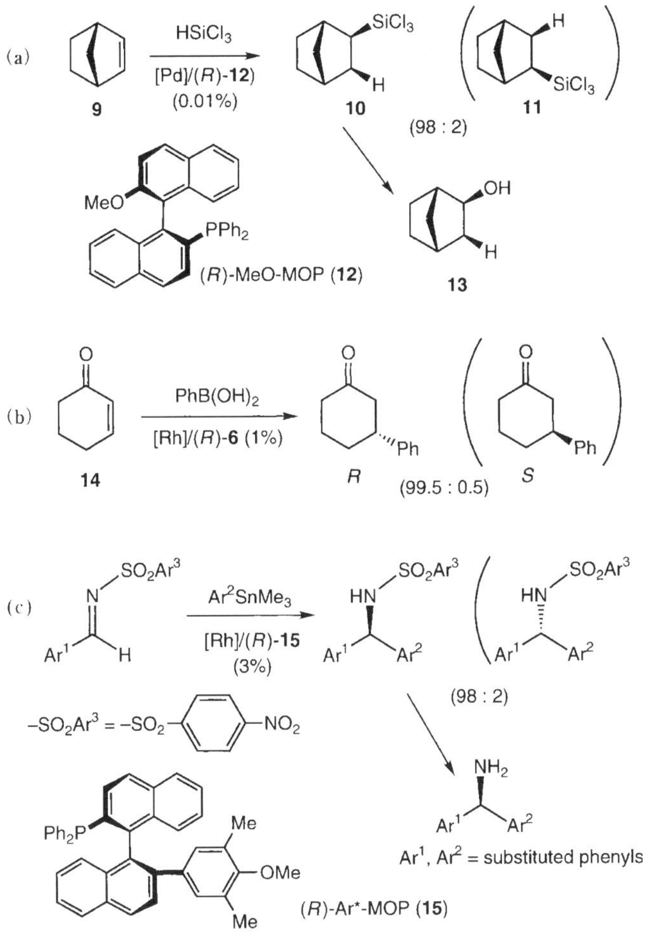

図 9.7　新しい触媒的不斉合成反応の例

る．(a)式の反応ではノルボルネン(9)の二重結合のどちらの炭素にケイ素が付加するかにより，どちらの鏡像異性体が生成するかが決まる．パラジウムに不斉配位子 12 を組み合わせてトリクロロシランの付加反応を行うと，互いに鏡像異性体の関係にあるヒドロシリル化生成物 10 と 11 は 98：2 の比で得られる．この反応には図 9.6 で用いた 2 座の不斉ホスフィン配位子 (*R*)-BINAP(6)を使用することはできない．単座の不斉ホスフィン配位子 (*R*)-MeO-MOP(12)を用いて初めて進行する．10 は有機合成上重要な中間体である光学活性ノルボルナノール(13)へと容易に誘導することができる．(b)式の 1, 4-付加反応では PhB

$(OH)_2$のフェニル基がシクロヘキセノン(**14**)に上方から付加するか下方から付加するかをロジウム触媒が制御することができる．(*R*)-BINAP(**6**)を用いた場合には*R*の絶対配置をもつ99% eeのフェニル化生成物が得られる．この反応は水溶媒中で100℃の高温でも高い立体選択性が発現される，ユニークで取り扱いやすい不斉反応である．さまざまな光学活性なカルボニル化合物の不斉合成への応用が期待されている．(c)式の反応では，他の方法では得難いジアリールメチルアミン類が触媒的不斉合成により供給できる．光学活性なジアリールメチルアミンはいくつかの医薬品の基本骨格をなす重要な化合物である．この反応は単座キラルホスフィンであるAr*-MOP(**15**)を配位子とするロジウム触媒存在下で進行し，さまざまな置換フェニル基を含むアミンを96% eeで与える．

ここに示した3例は，筆者の研究室で見出したものであるが，他の研究者により開発された有用な触媒的不斉合成反応も多い．ロジウム触媒によるオレフィンの不斉異性化はメントールの合成に応用されており，またオレフィンの不斉エポキシ化や不斉ジヒドロキシ化などの不斉酸化反応は用途が多く，便利な不斉合成反応として複雑な骨格をもつ天然物などの合成ルートにしばしば組み込まれるようになってきている．

これまで述べてきたように，触媒的な不斉合成では触媒量の不斉源から無限個の光学活性化合物が合成できるので，高い立体選択性が達成できれば，実際的な価値もきわめて大きい．中でも遷移金属錯体触媒反応では炭素-炭素結合生成反応などに代表される多様な反応が可能であり，また触媒効率の点などからも遷移金属系触媒反応は触媒的な不斉合成に最も適したシステムである．現在，光学活性化合物の効率の高い供給法の開発は，キラルな構造をもつ医薬品などの合成には欠かせない急務である．それゆえ今日の有機合成化学の中で触媒的不斉合成は最も注目され，活発に研究される分野となっている．ここでは，不斉反応の基礎から触媒的不斉合成の最前線までを簡単に紹介してきたが，この研究はまだまだ新しく，始まったばかりである．大きく広がる未来へ向かって若い人々の積極的なこの分野への参加を楽しみにしている．

用語解説

ルイス酸

相手の分子から電子対を受けて化学結合を形成する分子をルイス酸といい，アメリカの化学者ルイスによって提出された酸・塩基の定義に基づいている．電子対を与える相手はルイス塩基である．この定義により，酸・塩基の概念がプロトンの授受を伴わない場合にも拡張される．ルイス酸は電子対が欠乏している分子で，多くの陽イオンや BF_3，$AlCl_3$ などがこれに属し，孤立電子対をもつ多くの陰イオンや NH_3，H_2O などがルイス塩基に属する．

10
立体構造が解き明かす生体高分子のはたらき

10.1　タンパク質とは

(1)　タンパク質―生体内反応の担い手―

生体細胞を構成する主要な物質は，核酸（DNA：デオキシリボ核酸，RNA：リボ核酸）とタンパク質である．これらはヌクレオチドやペプチドが連なった高分子化合物（ポリヌクレオチドおよびポリペプチド）である．分子生物学は，これらの構造を明らかにすることと遺伝子の作用機構を理解することで発展してきた．生物を形づくる細胞の進化を考えるとき，まず，遺伝情報を伝達する機能と実際の生体反応を触媒する機能を両方もちあわせるRNAの進化をあげることができる．その後，タンパク質が効率よく合成される系が発達して，主な遺伝情報伝達機能はDNAに引き継がれ，タンパク質が主として化学反応における触媒機能を担うようになった．その結果，RNAはタンパク質合成を制御することを主な機能とする仲介者としての役割を果たすようになった．よく知られているように，現存の生物細胞では，DNAが遺伝情報を貯蔵し，RNAがタンパク質合成の指令を出して仲介し，タンパク質が生体反応の高度な触媒機能を担うという役割分担がなされている．

われわれ生物が，生命を維持する仕組みをどのように組み立てているかを理解するためには，生物の細胞内で起こる化学反応に，どのような分子がかかわり，どのような反応メカニズムで起こるかを知ることが必要である．上に記したように，生体内反応の担い手，言い換えれば，生体内反応を触媒しているのはタンパク質であり，タンパク質のはたらきを理解することは，生体内の反応メカニズムを解明することにほかならないのである．

(2)　タンパク質の構造の構築

タンパク質は20種類のアミノ酸が重合したポリマー（重合体）であり，そのアミノ酸の並び方（配列，一次構造）によって，それぞれのタンパク質を識別し，特定することができる．しかしながら，それぞれのタンパク質がどのような反応をどのように触媒するかということ，すなわち，タンパク質がもっている固有の生理学的機能は，そのアミノ酸の配列から直接理解することはできない．それは，タンパク質が生体内ではたらくときには，アミノ酸のポリマーとして長い鎖の状態で存在しているのではなく，その鎖が折りたたまれることによって，立体的でコンパクトな球状の構造（三次元立体構造，三次構造）を形づくっているからである．このとき，アミノ酸の連なった鎖はヘリックス（らせん）やシートなどの特徴的な折りたたまれ方（二次構造）をして，それらが集まることによって一つの立体構造が形成される．その結果，一次構造の上では非常に離れた位置にある二つのアミノ酸残基が，立体構造を形成することで互いにきわめて近い距離にくるということも，ごく当たり前に起こる．そのタンパク質がつかさどる触媒反応では，多くの場合，こうして折りたたまれた大きなタンパク質分子のごく一部分だけが，直接的にかかわって反応の制御に携わっている（そのような部分は活性部位とか活性中心とか呼ばれる）．この反応を制御する最も重要な部位は，ほとんどの場合，一次構造の上でははるかに離れたアミノ酸残基がいくつか集まることによって構成されている．このことから，アミノ酸の並び方だけからでは，それぞれのタンパク質に固有なはたらきを直接的に解釈することは難しいということは容易に理解できよう．

(3)　タンパク質の立体構造から機能へ―構造生物学―

タンパク質の機能を理解するためには，正確な立体構造を原子レベルで知ることが必要である．ここで原子レベルというのは，立体構造を形成しているアミノ酸のすべての原子の位置が明らかになり，そのアミノ酸の主鎖（main chain，アミノ酸 −NHCH(−R)C(=O)− の NHCHC(=O) 部分）の折りたたまれ方（folding）のみならず，それぞれの側鎖（side chain，−NHCH(−R)C(=O)− の −R 部分）の正確な配向も決定されることをいう．このようなタンパク質の立体構造をもとにして，その機能の分子機構を考え，生体内の反応機構を理解するということは，ここ数年，生命科学の分野で特に注目を集めている学問であり，「構造生物学（structural biology）」と呼ばれている．構造生物学ということばは，やや広義に使う人も見受けられるが，その意義の原点は上記のように，生体高分子の正確な立体構造に立脚する生物学というものである．

(4) 立体構造決定法の過去と現在

「構造生物学」の重要性が広く認識されるようになったのは，この10年ほどのことである．タンパク質の機能を知るには，アミノ酸の並び方ではなく立体構造が必要であるということは，もちろん，最近になってわかったことでは決してない．それにもかかわらず，「構造生物学」の認知が比較的最近のことであるのには理由がある．生体高分子の立体構造が決定されると，その構造情報，すなわちタンパク質を構成する原子の三次元原子座標は，データベースに登録することになっている．このデータベースはタンパク質立体構造データベース（PDB：Protein Data Bank）という．図10.1のグラフは，年ごとにPDBに登録されたタンパク質立体構造の数の推移を示している．今から10年少し前の1980年代半ばまでは，毎年新たに決定されるタンパク質の立体構造はわずか30程度にすぎな

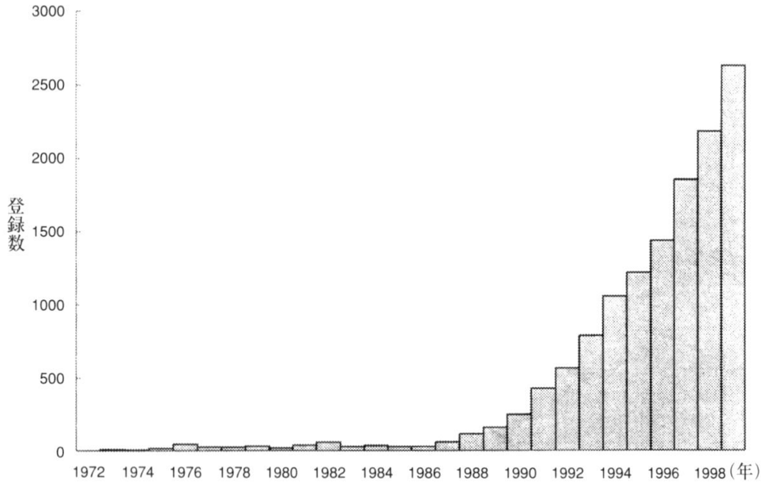

図 10.1　タンパク質立体構造データベースに登録された原子座標（タンパク質の三次元構造情報）の年ごとの推移

かった．ところが，1980年代後半からはその様相は一変し，1990年代に入るとその数は指数関数的に急増している．この2～3年は毎年2,000をこえる立体構造が登録されている．このグラフはまず，少なくとも1980年代まではタンパク質の立体構造を決定するということは，きわめて難しいことであったということを物語っている．そのため，いかに「構造生物学」が重要であると思っても，その基盤になるタンパク質の立体構造は，簡単には手に入れることができなかったのである．後で述べるようなタンパク質の立体構造決定法の進歩によって，1990年代に入ってそのような状況が打開され，生命科学の分野における立体構造がようやく身近なものになった．すなわち，タンパク質の機能を理解するために，まず原子レベルでの立体構造を知るという王道的なアプローチが研究の表舞台に出てきて，構造生物学の本質的な意義が広く認識されるようになったのである．

(5)　立体構造決定法の進歩―X線結晶解析―

ここで，タンパク質立体構造を決定する方法の進歩とはどのようなものであったか，ということを述べておきたい．図10.1に示したような立体構造の登録数の増加の結果，2000年5月現在ではその登録数の総数は12,000をこえるまでになっている．これら立体構造の決定は，X線結晶解析法（結晶状態の構造）とNMR（核磁気共鳴）法（溶液状態の構造）によって行われている．12,000をこえる立体構造登録数のうち，80%以上がX線結晶解析法によるものであり，残り10数%がNMR法によるものである．NMR法はその歴史が浅いこともあるが（PDBへの最初の登録は1991年），これまでX線結晶解析法が圧倒的に多数の立体構造情報を提供してきたことは事実である．したがって，タンパク質立体構造決定の飛躍的な増加も，このX線結晶解析法の進歩に負うところが大きい．X線結晶解析法は，タンパク質の結晶を作製して，そのX線回折データを測定し，これをもとにしてタンパク質結晶内の電子密度分布を求め，その中に決定すべきタンパク質の立体構造を組み上げるというものである．この方法の大きな特徴は，ひとたび結晶ができると，どんなに大きなタンパク質分子でも解析できることであり，決定できるタンパク質分子量に制限（2～3万程度）があるNMR法との大きな違いとなっている．近年，X線結晶解析法が急速な発展を遂げた理由には，遺伝子工学の進歩とシンクロトロン放射光の汎用的利用をあげることができる．タンパク質の結晶をつくるには，十分な量の高純度の精製されたタンパク質溶液が必要である．目的とするタンパク質を生物の細胞から分離，抽出する場合は，細胞内に十分な存在量があることが不可欠になる．このことがX線結晶解析を成功させるための重要な要因であったことは，ともにノーベル賞を受賞したケンドリュー（Kendrew），ペルーツ（Perutz）によって最初に結晶解析されたタンパク質であるミオグロビン，ヘモグロビンが，いずれも存在量の多いタンパク質であることからもうかがえる．細胞内の存在量が少ないタンパク質では，他のタンパク質を分離して，最終的に純度の高い精製タンパク質を得ることが非常に難しい．遺伝子工学の技術によって目的タンパク質を大量発現させることで，細胞内の存在量がきわめて少ないタンパク質についても，結晶化に十分な量を確保することが可能になった．一方，シンクロトロン放射光は，従来実験室で得られたものとは比べものにならない強力なX線であり，そもそも大きな結晶格子ゆえに回折強度が弱く，また大きく成長させることが難しいタンパク質結晶から，十分な精度をもったX線回折データを得ることを可能にした．また，遺伝子工学は目的タンパク質の量的確保だけではなく，天然のアミノ酸配列を自由に置き換えた変異体タンパク質（部位特異的変異体）の研究を生み出した．天然のタンパク質の構造と変異体タンパク質の構造を同時に決定することで，反応を触媒するときのアミノ酸の特異的な構造上の役割を直接的に理解することができ，タンパク質の機能の理解に大きな威力を発揮するようになった．さらに，シンクロトロン放射光はその波長を自由に選択することができ，タンパク質に含まれる特定の原子からの異常分散の検出に効果的な波長を選んで測定することで，構造を解くための問題である位相決定に大きな貢献をすることになった．これらのことが相乗的に絡みあって，1990年代のX線結晶解析法の大きな発展をもたらし，その結果，決定されるタンパク質立体構造が飛躍的に増加したのである．

10.2 タンパク質の構造を考える

ここでは，そのような「構造生物学」時代を意識して，最近その構造が明らかになったタンパク質を例にあげて，タンパク質の構造とはたらきの関係について考えてみたい．最初に述べたように，生体内におけるタンパク質のはたらきというものは実に多様であり，きわめて多くの機能を担っている．それらの全容を示すことは不可能である．ここでは，ほんの一例にすぎないが，DNAと相互作用してはたらく二つのタンパク質を取り上げ，その構造の構築の基礎的な背景と，その分子認識や構造機能相関について考えてみたい．

(1) タンパク質の構造構築の基礎

まず，タンパク質の立体構造とはどのようなものか，百聞は一見にしかずなのでみてみることにしよう．先に述べたDNAと相互作用してはたらくタンパク質の一つの例は，DNAが紫外線で受けた損傷を修復する光回復酵素（photolyase）である．図10.2にはX線結晶構造解析で決定された二つの種，(a) シアノバクテリアおよび (b) 大腸菌に由来する光回復酵素の立体構造を示している．本図では，タンパク質を構成するすべての原子を示すのではなく，ポリペプチドの鎖の折りたたまれ方がよくわかるような表現にしてある．特徴的な二次構造である α-ヘリックス（α-helix）はリボンが巻いているように，β-シート（β-sheet）の構成単位である β-ストランド（β-strand）は矢印がついた板のように表してある．らせんやストランドのような二次構造をとらない部分（ループ loop 領域ともいうことができる）は紐のように表してある．ヘリックスやストランドとい

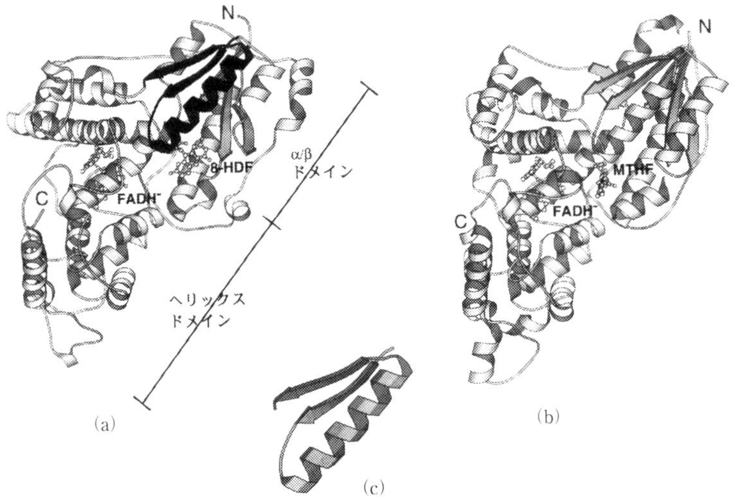

図 10.2 X線結晶構造解析で決定された光回復酵素の立体構造

(a) シアノバクテリア（*Anacystis nidulans*）由来の光回復酵素，(b) 大腸菌由来の光回復酵素．NとCはそれぞれN末端とC末端部分を示す．$FADH^-$ は触媒補欠分子，8-HDFおよびMTHFは集合性補欠分子．(a) には二つのドメイン部分を示してある．(c) 光回復酵素の立体構造の中にみられる $\beta\alpha\beta$ の構造モティーフ．(a) の黒く色づけした部分を抜き出したもの．

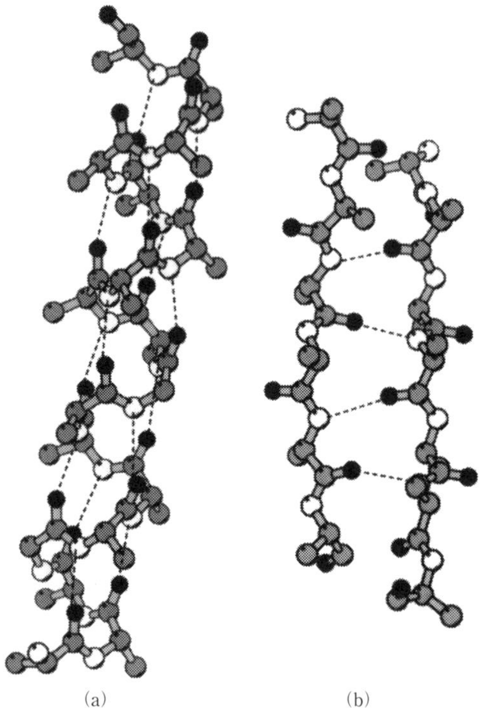

図 10.3　特徴的な二つの二次構造
(a) α-ヘリックス，(b) β-シート（2本のストランドで構成されている）．構成する各原子（水素原子を除く）を示しており，炭素，窒素，酸素原子をそれぞれ，灰色，白，黒の球で，N－HとC=Oの間の水素結合を点線で示している．

う二次構造は，ポリペプチド鎖が立体的な構造をつくるときの最初の基本的構造単位である．図10.3には α-ヘリックスと β-シートを，構成する各原子の配置がわかるように示してある．いずれも水素結合が重要な役割を果たしている．α-ヘリックスでは，文字どおりポリペプチドの主鎖がらせんに巻かれていく．このとき4残基離れた主鎖のアミノ基（N－H）とカルボニル基（C=O）が水素結合をつくり，それによってらせん構造を強固なものにしている．この水素結合は，α-ヘリックスの両末端を除いて，すべてのN－H基とC=O基において形成されている．したがって，α-ヘリックスの両末端は極性をもつことになる．β-シートは2本（以上）の β-ストランド間の水素結合によってつくられる．β-ストランドは，ふつう5～10残基のポリペプチド鎖が，ほぼ伸び切ったジグザク構造をとることによってつくられる．このようなβ-ストランドは，隣りあう2本のβ-ストランドのN−H基とC=O基の間で水素結合をつくり，β-シートを構成する．β-ストランドがβ-シートを形成するとき，2通りの方法があり，それぞれのβ-ストランドのN，C両末端が同じ方向を向いている場合（平行型）と，逆になっている場合（逆平行型）である．これら二つのβ-シートでは，水素結合のシート内での間隔の様式が異なっている．また，β-シートが2本以上のβ-ストランドで構成されることもしばしば見受けられる．

ポリペプチド鎖が球状のタンパク質を構成するとき，疎水的なアミノ酸側鎖はタンパク質分子の内側に位置するようになる．このような疎水性コアの生成は，同時に親水的なアミノ酸側鎖をタンパク質分子の表面に位置させることになり，疎水性コアと親水的表面ができることが，球状のタンパク質が折りたたまれて立体構造をつくる駆動力となっている．このとき，タンパク質分子の内部にもアミノ酸の主鎖が存在しなければならないこと（疎水性側鎖をもつアミノ酸残基にも当然主鎖はある）は問題となる．なぜなら，主鎖は非常に大きな極性をもち親水的であるので（水素結合に関与するアミノ基とカルボニル基が極性を示す），疎水性コアには不都合である．これを解消するために，先に述べた二次構造が大きく貢献している．すなわち，主鎖のアミノ基とカルボニル基が水素結合をつくることで，疎水性コアにある主鎖の極性を中和しているのである．その結果，内部が疎水的に，表面が親水的になるように，タンパク質が折りたたまれる．

(2) タンパク質の階層構造

これまでに，アミノ酸の並び方（配列）を一次構造，へリックス（らせん）やシートなど特徴的な折りたたまれ方を二次構造，さらにポリペプチド鎖全体がタンパク質分子として球状に折りたたまれた立体的な構造を三次構造ということを述べた．これは「タンパク質の階層的な構造」というが，これをもう少し詳しくみてみよう．

α-へリックスやβ-シートという二次構造がタンパク質の立体構造を形成するとき，全く無秩序な組み合わせで取り込まれるのであろうか．確かに二次構造が全く自由に集まっていると考えられる場合もあるが，多くの場合には，種々のタンパク質に共通にみられる二次構造の空間的な組み合わせが存在する．そのようなものを超二次構造あるいは(基本)モティーフという．具体的な例をみてみよう．超二次構造の代表的な例の一つとして，図 10.2(c) に示すような $\beta\alpha\beta$ モティーフがある．これは光回復酵素にみられたもので，(a) のシアノバクテリア由来のものの全体構造の中に黒く示した $\beta\alpha\beta$ モティーフを取り出して示したものである．$\beta\alpha\beta$ モティーフは，β-ストランド，ターンして α-ヘリックス，さらにターンして β-ストランドという単純なモティーフで，二つの β-ストランドは平行型の β-シートをつくる．この $\beta\alpha\beta$ モティーフは多くのタンパク質構造にみられ（特にヌクレオチドを結合するタンパク質の活性部位に多い），最初にこれを発見，提唱した人の名をとってロスマン（Rossmann）フォールドとも呼ばれる．このような二次構造の特異的な組み合わせと配置によって生まれる超二次構造（モティーフ）は，ほかにいくつもの例があり，タンパク質の立体構造が組み上がるときの基本的な構造単位となっている．

図 10.2 の光回復酵素の場合には，$\beta\alpha\beta$ モティーフがさらに組み合わさって，5 本の β-ストランドと 5 本の α-ヘリックスから構成される $\beta\alpha\beta\alpha\beta\alpha\beta\alpha\beta\alpha$ というより大きなモティーフをつくっている（(a) に α/β ドメインと示した部分）．これは図 10.2 の光回復酵素の全構造の右上部を形づくっているが，このような全構造中の一つの構造のかたまりをドメイン（domain）という．光回復酵素では，残りの部分は α-ヘリックスに富むドメインを構成し，これを「ヘリックスドメイン」，$\beta\alpha\beta\alpha\beta\alpha\beta\alpha\beta\alpha$ のドメインを「α/β ドメイン」と名づけている．すなわち，このタンパク質では 1 本のポリペプチド鎖が二つのドメインをつくって，全タンパク質分子を二つの構造ブロックに分けていることになる．タンパク質の構造には，二つ以上のドメインから構成されることもよくある．一方，特に分子量の小さいタンパク質では，このような複数のドメイン構造をとらないものも多い（ドメイン一つだけで立体構造ができあがっている，と考えてもよい）．

また，タンパク質には複数のポリペプチド鎖が集まって機能しているものも多い．このようなタンパク質は四次構造をもつという．最も古くから知られた例は，結晶構造が最初に解析されたタンパク質の一つ，ヘモグロビンである．ヒトのヘモグロビンは，一次構造も三次構造もよく似た α,β という 2 種のタンパク質（いずれもヘムを含む）が二つずつ集まって，$\alpha_2\beta_2$ という四次構造をとっている．ここでは詳しく述べないが，酸素を肺から各組織に運搬するヘモグロビンは，四次構造をとることで，酸素に対する親和性が協同的になるというヘモグロビンに固有なはたらきがもたらされている．一方，筋肉の組織で運搬されてきた酸素を貯蔵する役目を果たすミオグロビンは，ヘモグロビンの α と β によく似たタンパク質が四次構造をとらず，単独で存在して機能している．しかし，当然ながらヘモグロビンにみられた協同性はミオグロビンにはない．これは四次構造がもたらす機能発現をよく表している例である．ヘモグロビンの例よりもはるかに多くのタンパク質サブユニット（四次構造をつくっている各ポリペプチド鎖をサブユニット subunit と呼ぶ）から構成されているタンパク質もあり，このようなものをタンパク質複合体，あるいは分子量が大きいことを示して（事実，分子量は数十万から百万をこえるものもある）超分子複合体という．生体膜に存在する膜タンパク質は，このような超分子構造をとることが多く，このような超分子タンパク質の立体構造は，今後の重要な研究対象である．

以上のように，タンパク質の構造は，一次構造，二次構造，超二次構造（モティーフ），ドメイン構造，三次構造（サブユニット），四次構造という階層的な構造を順次とっていて，この階層の組み立て方を理解することが必要である．

(3) DNA と相互作用する 2 種のタンパク質における構造とその機能

それでは実際にそのようにできあがった構造が，そのタンパク質のはたらきとどのように関係しているか，そのはたらきをうまく発揮するためにどのような構造ができあがっているかをみてみよう．もちろん，これはタンパク質の構造と機能の関係を知るには，本当にわずかの例にすぎないが，筆者らの研究室で最近その構造が決定された，DNA と相互作用する二つのタンパク質についてみてみることとしよう．

(a) 光回復酵素　まず最初の例は，タンパク質構造の構築を示す例にすでに取り上げた光回復酵素である．細胞の中の遺伝子はさまざまな要因によって化学的に傷つくことが知られている．紫外線はその要因の代表的な一つである．遺伝子が伝えるメッセージを維持するためには，このような遺伝子の損傷は致命的で，これを修復することが必要になる．DNA 修復の重要性は，単純な生物である大腸菌などにさえも，さまざまな DNA 修復機構が備わっていることからもうかがえる．図 10.4 に光回復酵素による DNA 修復を模式的に示す．紫外線による DNA 損傷の代表例は，DNA 鎖の隣接するチミン残基間で二つのピリミジンが二量化するシクロブタン環の形成である．この二量化は DNA の構造を局所的に変形させるので，DNA は転写や複製の正しい鋳型としてはたらくことができ

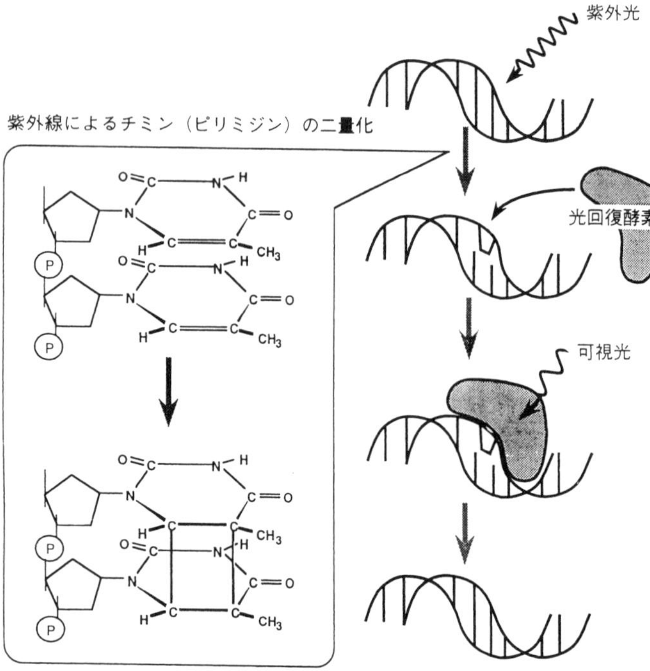

図 10.4　チミン（ピリミジン）二量化による DNA 損傷および光回復酵素による修復の模式図

なくなり，突然変異（ひいては癌化，老化）や細胞死を引き起こすこともある．このような DNA 損傷を修復する機構にもいくつかのものがある．光回復はその一つで，DNA を修復する機能をもったタンパク質（光回復酵素）が DNA 上にできたチミン二量体の部分を探し出し，これに結合して直接的な化学反応でもとの形に戻してしまうのである．光回復といわれるのは，光回復酵素が損傷 DNA を修復するときに可視光を必要とするからで，その吸収した光エネルギーをトリガにしてチミン二量体を開裂させる反応が進行する．光回復酵素は種々の生物に広く存在しているが，シアノバクテリア（ラン藻）や大腸菌の光回復酵素は，分子量が約 5~7 万のタンパク質で，2 種類の重要な補欠分子をもっている．ここで再び図 10.2 の 2 種の光回復酵素の立体構造をみていただきたい．そこには二つの補欠分子も存在していることがわかる．第一は，すべての光回復酵素に共通な補欠分子である FAD（フラビンアデニンジヌクレオチド）の還元体である $FADH^-$ で，ピリミジン二量体を開裂させる反応に直接関与することから触媒補欠分子と呼ばれる．第二の補欠分子は，集光性補欠分子と呼ばれるもので，可視光を吸収してその光エネルギーを $FADH^-$ に伝達する．このエネルギーを受けた触媒補欠分子が励起され，これとピリミジン二量体との間での電子の授受によって単量体への修復が行われるのである．シアノバクテリアと大腸菌の光回復酵素では，集光性補欠分子の化学種が異なっている．シアノバクテリアではFADのイソアロキサジン環に似た三員環をもつデアザフラビン型8-HDF（8-ヒドロキシ-5-デアザリボフラビン）であり，大腸菌では還元された葉酸（プテリン）型補欠分子のMTHF（5,10-メテニルテトラヒドロ葉酸）である．この化学種の違いによって修復時に吸収する波長の最大値が異なり，デアザフラビン型は長波長側（～440 nm）を，葉酸型は短波長側（～380 nm）を吸収する．非常に面白いことに，大腸菌とシアノバクテリアの光回復酵素ではその立体構造はよく似ているのに，集光性補欠因子を結合している構造上の位置が異なっている（図10.2）．両者の光回復酵素の一次構造はその相同性が高い（約52%）ことから，立体構造がよく似ていることは妥当なことである．それにもかかわらず，同じ立体構造が，種類の異なる集光性補欠分子（8-HDFとMTHF）を全く異なる場所で認識しているのである．結合部位はどちらも α/β ドメインにあるが，大腸菌のMTHFは分子表面に存在し，シアノバクテリアの8-HDFはMTHFのある位置から分子内部に約12 Å も移動したところにある．しかし，この α/β ドメインの立体構造は2種の酵素でほとんど同じで，それぞれの集光性補欠分子を結合している領域でさえきわめてよく一致している（すなわち，一方で集光性補欠分子が結合しているところは他方では空になっているが，それにもかかわらずほぼ同じ構造を保っている）．実は，集光性補欠分子から触媒補欠分子（$FADH^-$）へのエネルギー移動は，シアノバクテリアの方が大腸菌よりも効率がよく，エネルギー移動速度も速いのである．タンパク質は全体の形（立体構造）は変えないで，より効率のよい補欠分子を使おうとして，このようなことが起こったのではないかと思われる．

シアノバクテリアの光回復酵素の立体構造は，24個のヘリックス（ほとんどが α-ヘリックス）と5個の β-ストランドからなっているが，図10.2とは異なる方向からみた立体構造を図10.5に示す．この光回復酵素は，まず損傷を受けたDNA，すなわちピリミジン二量体を認識することが必要である（図10.4）．ピリミジン二量体はこの分子全体のどこで認識されるのであろうか．図10.5の

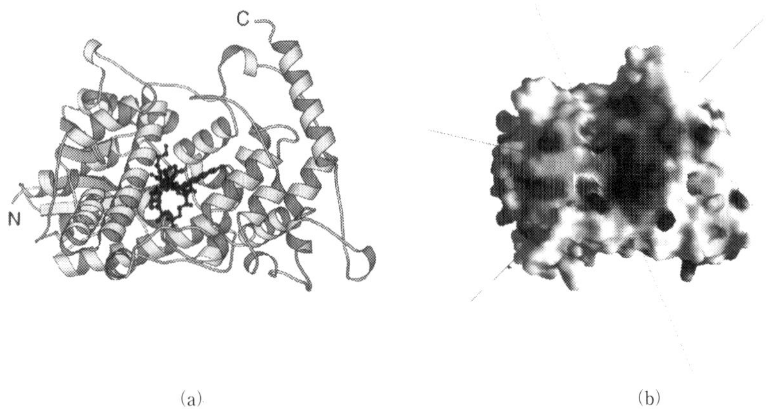

図 10.5　シアノバクテリア由来の光回復酵素の構造
(a) 図 10.2 (a)とは異なる方向からみた立体構造．N と C はそれぞれ N 末端，C 末端部分．
(b) (a)と同じ方向からみたタンパク質の分子表面を表した構造．

立体構造をみると，ヘリックスドメインの中央には大きな穴（クレフト）があいていることがわかる．少しわかりにくいので，図 10.5(a) の表現方法（図 10.2 のようにヘリックスとシートをリボンと矢印で表す方法）を変えて，タンパク質の分子表面を示す方法にすると，中央にあるクレフトの存在がよくわかる(b)．このクレフトの底の部分には，触媒補欠分子である $FADH^-$ が位置している．このクレフトこそ，ピリミジン二量体を認識する部位であると考えられている．なぜなら，このクレフトはピリミジン二量体にちょうど適合した大きさである．また，クレフトの入り口部分の表面は，静電的に正（＋）のポテンシャルであり，これは損傷 DNA のリン酸部分の負（－）のポテンシャルと相互作用するのに，つまりは DNA を静電的相互作用で結合するのに都合がよい．また，クレフトの底にある $FADH^-$ の周辺のアミノ酸残基は，ピリミジン二量体の疎水的なシクロブタン環を識別するのに都合のよい疎水的環境をつくり出している．

このように，光回復酵素には損傷 DNA を認識するクレフトがあり，その中に取り込まれたピリミジン二量体が修復されやすい位置に，$FADH^-$ が存在していることがわかった．

(b)　DNA 複製開始タンパク質，RepE　　DNA と相互作用するタンパク質のもう一つの例として，大腸菌のプラスミドが複製されるとき，複製開始を制御する RepE というタンパク質の構造をみてみよう．この RepE は分子量がおよそ

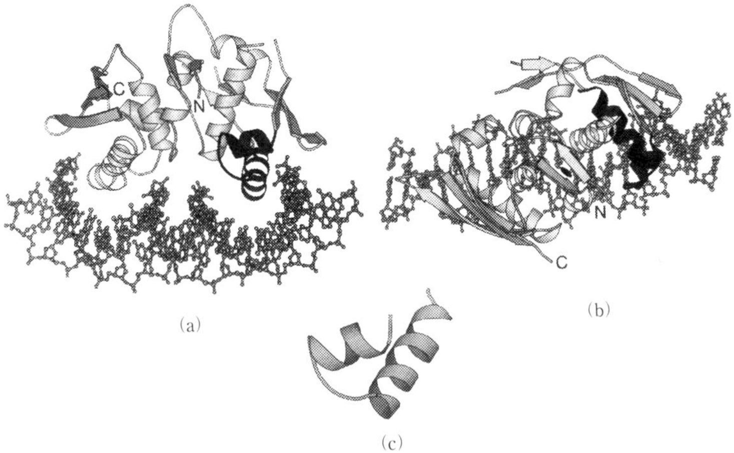

図 10.6　X 線結晶構造解析で決定された DNA 複製開始タンパク質 RepE とイテロン DNA と複合体の構造

(a) タンパク質の DNA の大きな溝の認識がみえる方向からの図，(b) (a)を水平方向にほぼ 90° 回転し，DNA の上部にタンパク質が位置する方向からの図．分子の中央部分の黒い楕円は，よく似た二つのドメイン（N 末ドメインと C 末ドメイン）を関係づける分子内の擬似二回軸．N と C はそれぞれ N 末端と C 末端部分を示す．(c) ヘリックス-ターン-ヘリックスのモティーフ．(a)および(b)の黒く色づけした部分を抜き出したもの．

3 万のタンパク質で，単量体として存在するときに，複製が開始される DNA 上の特定の領域であるオリジン内の繰り返し配列（イテロン）に結合し，DNA の複製開始因子としてはたらく．RepE は通常二量体として存在していて，二量体の場合には別の機能を有しているが（自己の遺伝子のオペレーターに結合する自己転写抑制因子），分子シャペロンという他のタンパク質の折りたたみを助けるタンパク質群のはたらきによって，二量体から単量体に分離して複製開始因子として機能できるようになる．

図 10.6 に，X 線結晶構造解析で決定された RepE タンパク質とイテロン領域を含む DNA との複合体の構造を，二つの方向からみたものを示す．非常に面白いことに，このタンパク質分子は，分子内に擬似二回対称をもち，よく似た二つのドメイン（N 末ドメインと C 末ドメイン）に分けることができる．すなわち，1 本のポリペプチド鎖の中で，ほとんど同じ構造が 2 回繰り返されているわけである．このことは立体構造がわかるまで，一次構造からは予想されていなかったことである．二つのドメインはそれぞれ三つの α-ヘリックスと四つの β-ストランドをもち，対称的に配置している．N 末ドメインはさらに C 末ドメインには

ない一つのα-ヘリックスと二つのβ-ストランドをもっている．一方，DNAは全体として約20°曲がっているが，標準的なB型DNAであり，RepEタンパク質と複合体をつくったことによる大きな構造変化はみられなかった．

タンパク質とDNAの結合をみてみると，タンパク質の各ドメインが同じ構造でDNAの大きな溝（major groove）と相互作用している．このDNAの大きな溝に結合しているモティーフは，ヘリックス-ターン-ヘリックスというDNAに結合するタンパク質にしばしばみられるモティーフで，2本のヘリックスのうちの1本（認識ヘリックスという）がDNAの大きな溝に入り込むことによって結合している．図10.6(c)には二つあるモティーフの一つを示してある．さらに面白いことに，二つのヘリックス-ターン-ヘリックスモティーフの認識ヘリックスは，構造の上では同じであるにもかかわらず，それぞれのDNA結合には顕著な違いが見出された．すなわち，N末ドメインの認識ヘリックス（図10.6(a)，(b)で黒く色づけされている）は主にDNAのリン酸骨格と非特異的な相互作用をしているのに対して，C末ドメインの認識ヘリックスはDNA塩基対と特異的に相互作用していた．先にこのRepEは二量体としてはオペレーターに結合すると述べたが，イテロンとオペレーターには8塩基対の共通配列があり，C末ドメインの認識ヘリックスがこの共通配列を特異的に認識していることがわかった．同じような構造でもわずかの違いをつくって，それがきわめて巧妙な分子認識を行っているのである．このRepEタンパク質が複製開始のシグナルをどのように与えて制御しているかについては，今後まだまだ多くの研究をする必要がある．

このように，タンパク質の構造はその機能を発揮するためにきわめて巧みに構築されている．ゲノムの配列がいろいろな種について明らかになってきているが，その遺伝子がコードするタンパク質のはたらきを知ることによって初めて，生命の仕組みが解き明かされることになる．それにはそれぞれのタンパク質の立体構造を理解することが不可欠であり，ポストゲノムシークエンス時代の構造ゲノム科学，機能ゲノム科学を推進するためにも，タンパク質の立体構造情報がますます重要な位置を占めていくと思われる．

用語解説

補欠分子

酵素などタンパク質の活性中心に結合する非タンパク性の分子で，酵素が触媒する化学反応に直接関与したり，電子伝達反応に伴う酸化還元を受けたりする部分をいう．

11 生命を分子のはたらきとしてみる

11.1 生物はとてつもなく情報量が多い物質でできている

(1) 情報高分子

生物を形づくる細胞の重要成分は，タンパク質や核酸などの高分子化合物である．このような「生体高分子」とプラスチック，合成繊維などの合成高分子化合物の最も根本的な違いはなにか．化学科の学生から返ってきた答えの代表的なものは，「生体高分子は常温常圧で合成されるのに対して，化学的高分子化合物は化学触媒存在下，高温・高圧など，われわれの日常からかけ離れた条件でしか合成できない」であった．この答えはもちろん正解であり，生物化学反応の重要な特徴を述べている．しかし，筆者は，生物的な合成反応に内包された，より本質的な違い，「情報量」の違いを指摘してほしかった．タンパク質や核酸には莫大な情報が含まれており，その結果として，個々において「特異的な」そして全体として「多様な」機能を発揮することができる．

(2) 生体高分子と文章

タンパク質や核酸は個性的な分子であり，たとえば「文章」という言葉がさまざまな内容の文章を一絡げに総称するにすぎないように，タンパク質や核酸の一般を論じることの意味は少ない．なお，本章は，タンパク質や核酸に関する基礎知識，および分子生物学の基礎知識を前提にしているが，そのような知識なしにも，考え方は理解できるように努めた．巻末に参考図書をあげておくので，具体像がつかみにくい場合は参照されたい．

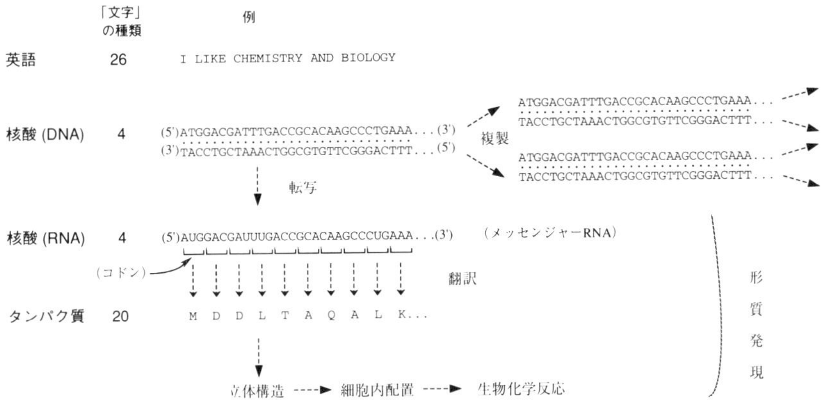

図 11.1 情報高分子は文章にたとえられる

DNA は 2 重鎖の状態を示し，相補的な塩基間の水素結合を・で示した．DNA, RNA の鎖には方向性があり，5′, 3′ で示した．タンパク質にも方向性があり，図の左端が N 末端，右端が C 末端と呼ばれる．なお，アミノ酸は M：メチオニン，D：アスパラギン酸，L：ロイシン，…と示した．

実際，文章と生体高分子は似ている．文章は，文字のリニアーな（直線状の）並びによって内容を表現する．英語ならアルファベット 26 文字というように用いられる文字（素材）は限定されている．核酸やタンパク質は，文章と同様に原則的に枝分かれのない鎖である．その素材が特定の配列をとって並ぶ（文章と同様並び方には方向性がある）のだから，文字の鎖である文章と同様に情報量が多い（図 11.1）．素材の「並び方」によって「機能」が決まる．このようなタンパク質，核酸などを，情報高分子と呼ぶことがある．これに対して，単量体が一様に重合しているだけの合成繊維は，多くの情報を担っているとはいい難い．

タンパク質の素材は 20 種類のアミノ酸である．通常，100～1,000 個のアミノ酸が一つのタンパク質を構成する．平均的なタンパク質を文章にたとえれば，400 字詰め原稿用紙 1 枚分くらいの文章（文字の種類は 20）ということになろうか．組み合わせを計算してみれば，そのとりうる配列には天文学的な可能性があることがわかる．その中の特定のものが，特定のタンパク質として，一つの遺伝子の指令によって合成されるわけである．

(3) 化学素子でもある「文字」

もちろん 20 種類のアミノ酸は単なる文字ではなく化学素子であり，電荷や疎水・親水性をはじめ特徴的な化学的性質，反応性をそれぞれもっている．タンパク質の鎖は折りたたまれて，これらの化学素子が一定の立体的な配置をとることによって，酵素としての触媒活性など，生物機能に必要な化学的な性質をもつことができるようになる．また，以下に述べるように，「核酸文章」の4文字（A，G，C，T）は，情報の伝達・複製に適した化学素子からできている．

(4) ゲノムとプロテオーム

タンパク質のアミノ酸配列は，遺伝子DNAの塩基配列によって決定される．核酸（DNA，RNA）の素材は4種類のヌクレオチドであり，それらを構成する塩基部分A，G，C，T（RNAにおいてはTの代わりにU）の配列こそが，遺伝情報の本体である．上記のたとえでいえば，遺伝情報とは4種類の文字からなる文章ということになる（図11.1）．この数年の間に，微生物を中心にいくつかの生物の染色体（ゲノム）の全塩基配列が次々と決定されつつあり，ヒトゲノムの解読もほとんど終わった．例として，大腸菌の染色体DNAは，全部で4,639,221個の塩基対からなっている．その中に4,288個の遺伝子が含まれ，その大部分はそれぞれ，タンパク質のアミノ酸配列を決めている．したがって，大腸菌細胞には約4,000種類のタンパク質が存在することとなる．2000年3月には，ショウジョウバエのゲノムが，18億4,000万塩基対からなり，約14,000個の遺伝子を含むことが解明された．

ゲノムには，文章とか，プログラム，設計図とかにたとえられる情報が詰まっており，それらに基づいて合成されるタンパク質によって実際の生物機能のほとんどが実行される．したがって，ゲノムの研究とタンパク質の研究は，生物学において，車の両輪のごとく重要である．タンパク質の重要性を強調するため，細胞における機能実行部隊であるタンパク質の全体像のことを，ゲノムになぞらえプロテオームと呼ぶことがある．細胞抽出液を電気泳動にかけ，タンパク質を電荷と分子量の二つのパラメータで二次元的に展開して染色すると，細胞に存在するタンパク質のそれぞれを染色点として目でみることができる．それぞれがどの遺伝子の産物か，アミノ酸配列を部分的にでも決定すれば知ることができる．

11.2　生物とコンピュータ

(1)　ゲノムから形質へ

大腸菌のゲノム情報は，「文字」の数からいえば「タンパク質文章」としては原稿用紙 4,000 枚分程度，「核酸文章」としては原稿用紙 12,000 枚程度である．われわれがワープロソフトを使って英作文をするとき，コンピュータの内部では，(0，1) の 2 値を組み合わせてアルファベット文字を指定している．遺伝情報においては，A，G，C，T (U) の 4 値の三つを組み合わせて，アミノ酸を指定する暗号（コドンと呼ばれる）としている（図 11.1）．このようにして，4 文字を使う核酸文章は，20 文字タンパク質文章に翻訳される．実際には，DNA 文章からタンパク質文章への転換に先立って DNA の塩基配列の内，特定の遺伝子に相当する部分がまず RNA（1 本鎖）に「転写」される（図 11.1）．遺伝情報発現の最初のステップが，この転写，すなわちメッセンジャー RNA の合成であり，遺伝子の読み取り調節がこの段階でなされることが多い．遺伝子の転写調節機構の研究が生物学で中心的な位置を占める所以である．

こうしてできたメッセンジャー RNA が「鋳型」となって，遺伝暗号表（1960 年代に解読）どおりに正確にタンパク質のアミノ酸配列に「翻訳」される．tRNA 群は一方の端にアミノ酸をつけ，そのアンチコドン配列（コドンと結合する性質の相補的な配列）によってメッセンジャー RNA の 3 文字からなるコドン配列を解読して，メッセンジャー RNA によって指定されたとおりの順番でアミノ酸を重合させるのにはたらく．このようにしてタンパク質が生合成され，遺伝子機能が生物化学反応に転換される．生物の形質はこうして発現される．

ゲノムに書き込まれた (A，G，C，T) 配列情報がさまざまな生物機能となって発揮される生物における形質発現と，ソフトウェアに書き込まれた (0，1) 配列がさまざまな機能をプログラムするコンピュータのはたらきは，ともに一次元的な配列情報が複雑な機能に転換されるという意味において，よく似ているのではないだろうか．

(2)　自 己 複 製

ゲノムには形質発現と同時に自己複製という，もう一つの本質的な役割がある．これによって，生物のアイデンティティーが決定され，一つの種が確立する．DNA の自己複製は，単細胞生物では親から子が生まれることと不可分の関係にあるが，多細胞生物では子孫をつくる（生殖細胞の減数分裂）こと以外に，自分の体自体ができあがること（体細胞分裂）に DNA 複製の意義がある．細胞の増殖と DNA の複製は密接にカップルしており，DNA の複製機構とその制御機構の解明も生物学の中心課題である．細胞はゲノムの複製と自らの分裂をメインイベントとして，整然とした周期活動を行っている（細胞周期という）．癌は DNA（そして細胞）の複製が無秩序に起こる状態ととらえることができる．

あえてコンピュータにおける類似点を考えると，「自己複製」はコンピュータにおいても本質的である．ユーザーやソフト会社がファイルやソフトをコピーするのが親から子が生まれる際の DNA 複製に相当するとすれば，コンピュータの演算過程に伴う中央演算装置への情報の読み込み（すなわち複製）は，体細胞での DNA 複製にたとえられるかもしれない．

もっとも，コンピュータと DNA とでは複製方式は全く異なる．「直接コピー」で全く同じものができるコンピュータ情報の複製と異なり，核酸の塩基配列は「相補配列」へとコピーされる．核酸においては，A と T(U)，G と C がそれぞれ水素結合によって結ばれた相補的ペアを形成する能力をもっている．核酸を構成する素材自体に情報の伝達と認識の能力が備わっているわけである．したがって，ある核酸の 1 本の鎖の配列が存在すれば，それに対する相補的配列の鎖は一義的に決まる．DNA では相補的な 2 本の鎖（方向性は逆並行）が 2 重鎖を形成しているが，それぞれの鎖に対する相補鎖が合成される「半保存モード」で複製が起こる（図 11.1）．

(3)　構造的な相補性による情報の認識

複製はもとより，転写，翻訳における配列情報の伝達と認識は，すべて核酸分子の相補性原理によっている．あたかもコンピュータが莫大な文章の中から特定の語句を正確・瞬時に検索できるように，核酸の断片は，莫大な DNA 分子の中から自分の配列に相補的な領域を探し出して結合することができる．このようなことは生体内（*in vivo*）においても起こっているし，試験管に取り出した状態（*in vitro*）で起こすこともできる，非常に正確かつ特異性が高い分子認識の過程であり，ワトソン-クリック（Watson-Crick）の二重らせんモデルで示されるように，それぞれの塩基対が，立体的に適合して水素結合を形成できることに基づくものである．

(4)　生物学研究とコンピュータ

どのような分野の研究でも，コンピュータは重要な研究道具であるが，膨大な配列情報を扱わなければならない生物学では，コンピュータとの特別な結び付きがある．配列情報の処理はコンピュータが最も得意とするところだが，実際，生物の分子レベルでの研究は，コンピュータによる核酸とタンパク質の配列データの蓄積，保存，解析なしには成り立たない．現在，アメリカ（GenBank），ヨーロッパ（EMBL），日本（DDBJ）に遺伝子塩基配列のデータベースが設置されている．研究者がある遺伝子の塩基配列を解読して決定したとき，論文発表するためには，同時にそのデータを上記のいずれかのデータベースに登録しなければならない．データは共有され，世界中の研究者がインターネットで自由にアクセスして利用することができる．2000 年末現在で，約 120 億塩基の配列が登録されている（原稿用紙 3,000 万枚分）．

現在，こうして生物を特徴づける膨大な遺伝情報は，われわれの手中（コンピュータの記憶媒体の中）に収まりつつある．組み替え DNA 技術が確立する約 20 年前までは，バクテリオファージや大腸菌など一部のモデル生物は別として，高等生物の研究はどうしても現象論に留まり，なかなか本質に迫れない面があった．逆に現代では，生命現象の本質を規定しているはずの遺伝情報が先にわかってしまう．しかし，その本当のはたらきの理解にはなかなか行き着かないといった問題も起こる．この両端をつなげることが，生物研究の主要な具体的作業であるといえなくもない．いずれにせよ，現在，生物の研究にとって未経験のことが進行中である．「生命の基本原理を分子のはたらきとして理解する」ことと，「生物の多様性の理解」といった，従来はかけ離れていた問題が融合してしまったのが，現代における生物学研究の特徴ではないかと思われる．

11.3　情報高分子のモジュラー構造

(1)　制御領域の存在と遺伝情報の起承転結

DNA の塩基配列がアミノ酸配列を決定するといっても，一つの遺伝子の読み始め，読み終わりといった，いわば句読点に相当することがきちんと決まらなければならない．転写は転写酵素によってなされ，一定の場所（プロモーター領域）からスタートする．転写のスタートを決めるのももちろん塩基の配列の仕方である．また，遺伝子のスタート部位の近くには制御領域が存在し，その遺伝子の読み取り頻度が調節されている．この調節は特定の制御タンパク質がその部位に結合することなどによってなされる．遺伝子のおわり近くには転写終結配列が存在している．このように，塩基配列に書き込まれた遺伝情報には，アミノ酸配列を決めるコーディング情報以外に読み取りを制御する情報も含まれる．翻訳過程でももちろん，読み始めの位置はメッセンジャーRNAの塩基配列の中に記入されており，これによって3塩基からなるコドンの読み枠が決まり，正しくアミノ酸配列が指令される．高等生物では，実は転写によって最初にコピーされるRNAには，タンパク質のアミノ酸配列を指定する以外の「余分な」介在配列（イントロン）が含まれている．イントロン部分（複数存在することが多い）が正確に除かれることによって初めて，直接タンパク質合成の鋳型になるメッセンジャーRNAができあがる．われわれ自身を含む生物は，このような一見無駄で面倒な反応を含めて，1塩基の誤りもなく正確に配列情報を処理している．

複製においても，相補性原理がビルトインされているDNA分子とはいえ，細胞の中で自動的に複製するわけではない．特定の複製起点があり，複製開始タンパク質がはたらいて初めて複製反応が起こる．

(2)　開始反応の重要性

核酸やタンパク質の生合成は，開始，継続（鎖の伸長），停止という質的に異なるステップに分けられる．開始反応はとりわけ重要である．転写調節の研究では，それぞれの遺伝子の転写開始（RNA合成の開始）が焦点となる．一方，DNA合成酵素は既存の鎖を伸ばすこと（5′→3′の方向）はできるが，新たな合成開始反応を起こすことはできない．そのため，DNAが複製するには，何らかの「種」になる既存の短い鎖など（プライマー）が必要である．細胞の中では，まず短いRNAが合成されてプライマーになり，DNA合成の開始が可能となる．試験管の中では，人工的なオリゴヌクレオチド（鋳型鎖の一部に相補的な配列をもつ）を鋳型鎖に貼り付けてプライマーとして機能させることができる．プライマーによりDNA合成酵素による合成を特定の位置から始めさせることができる．実際の細胞の中での複製開始は，らせん構造の巻き戻しや2重鎖の開裂など複雑な過程を経て初めて成し遂げられる．翻訳の開始も，開始コドン，翻訳開始因子などが関与する特別の機構によっている．

(3)　「レポーター」や「タグ」の研究への活用

DNA 上の制御領域などは，それ自体が独立の単位としてはたらきうる．たとえば，プロモーター配列は，転写調節モジュールとして取り出してはたらかせることができる．DNA 操作によって遺伝子 A のプロモーター領域を切り出して遺伝子 B のコーディング領域に結合させれば，遺伝子 B の発現が，本来は遺伝子 A が受けるべき制御系で支配されるようになる．したがって，ある遺伝子の発現調節を研究したいとき，その発現制御領域と考えられる部分を，簡単に活性が測定できるタンパク質（レポーターと呼ばれる）をコードする配列につなげると，容易に研究できるようになる．レポーター（例：β-ガラクトシダーゼ）が行う反応が直接目でみえるように発色基質（例：インドリルガラクトシド）を使うと，生きた細胞のままで，遺伝子発現の様子を観察することもできる．現在さまざまなレポーター遺伝子を活用することによって，従来は困難であった研究が可能になってきている．例えば，最近多用されているレポーターに，クラゲの緑色蛍光タンパク質（GFP）がある．このようなことから，われわれは次のことを学ぶことができる：

> 遺伝子の制御領域とそこにおける分子機構は，その遺伝子自体のはたらきとは，特別の化学的な因果関係が存在しない．それらは，目的に合うように組み合わされているのにすぎない．

(4)　コンポの組み合わせ

核酸の塩基配列に取り出してはたらかせることもできるユニットがあるように，タンパク質分子も小さなユニットに分けることができる．タンパク質のユニットには，「ドメイン」，「モジュール」，「モティーフ」などと呼ばれるものがあり，人工的に組み合わせることが可能である（組み合わせの作業は遺伝子 DNA レベルで行う）．上記のユニットとは，具体的には一つの立体構造の単位，折りたたみの単位，短いアミノ酸配列などに相当するものである．

タンパク質がはたらくに際しては，必ず他の分子と相互作用する．酵素が低分子化合物（基質）と相互作用することはよく知られているが，タンパク質の中には他の生体高分子と相互作用して，細胞が生きていくための基本的な反応を営むものがあり，それらは特に重要である（ハウスキーピング機能などとも呼ばれる）．タンパク質-タンパク質相互作用や，タンパク質-核酸相互作用は，特異性の高い「分子認識」の過程による．タンパク質同士が複合体をつくる，制御タンパク質がDNA上の特定の塩基配列を認識して結合するなどの過程に，しばしば特定のそれほど長くないアミノ酸の配列がかかわることがあるし，もう少し大きな立体構造ユニット（ドメイン）がかかわることもある．そのような配列やドメインを，他のタンパク質に付加すると，そのタンパク質に新たな分子認識の性質が与えられる例はたくさんある．目的に応じて，異なる部品の組み合わせによってできたタンパク質をデザインし，研究などに役立たせることが，現在さかんに行われている．生物自体も，いろいろなコンポを組み合わせて活用していると解釈できるかもしれない．

実験的利用価値が高い配列を付加することを，「タグをつける（tagging）」ということがある．たとえば，遺伝子操作によってヒスチジンが6個並んだHis 6配列（ヒスチジンタグ）をタンパク質の末端に付加すると，His 6部分のニッケルへの親和性によってそのタンパク質はニッケルを含む樹脂に吸着し，イミダゾール溶液で溶出させることができる．こうして，細胞抽出液からワンステップで簡単に目的のタンパク質を精製することができるようになる．ときに職人芸が必要であったタンパク質の精製が，誰にでも簡便にできる時代になっている．

(5)　現代的な実験の例—two-hybrid 法によるパートナー探し—

ここで，タンパク質を構成する部品的領域や，制御タンパク質によるDNA配列の認識などについて，一つの仮想的な実験を通して理解してもらおう（図11.2）．ヒトのタンパク質H（およびその遺伝子）があり，このタンパク質と結合してそのはたらきを制御するパートナータンパク質を見つけたいとする．酵母のGal 4タンパク質はGal遺伝子の転写促進因子である．Gal遺伝子プロモーター・制御領域を大腸菌由来のβ-ガラクトシダーゼ遺伝子（レポーター）に接続させ，酵母染色体に組み込んでおく（a）．Gal 4による転写促進活性の有無は，発色基質インドリルガラクトシドを含む寒天培地使用で酵母がつくるコロニー（菌集落）が青いか白いかで即座に判定できる．さて，Gal 4タンパク質はDNA結合ドメイン（部品B）と転写活性化ドメイン（部品A）からなっている（b）．Gal 4遺伝子を切断して，この二つのドメインA，Bを別々に発現させて

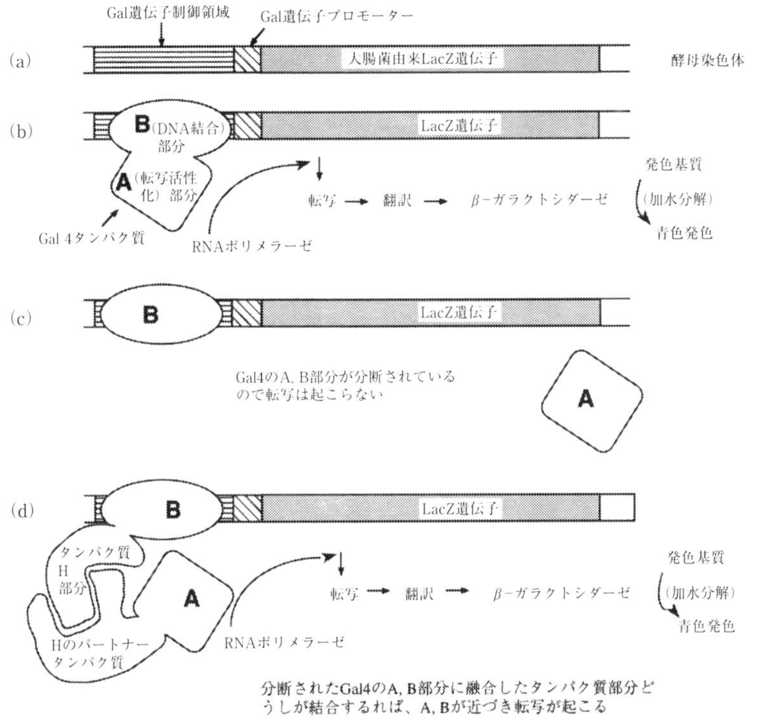

図 11.2 two-hybird 法によるパートナー探し実験の例

も，AとBはバラバラだから活性をもたない (c)．次に，Gal 4の部品Bをコードする遺伝子断片と遺伝子Hを融合させた融合遺伝子（部品B−タンパク質H間の融合タンパク質をコードする）をつくって酵母に入れておく．さらに，部品Aをコードする Gal 4 由来の遺伝子断片の隣りにヒトの cDNA 配列をランダムに挿入させた融合遺伝子の集団をつくって上記の酵母細胞に入れる．部品Aと挿入したヒト配列が融合タンパク質をつくり，そのヒト配列がタンパク質H配列と結合するならば，結果的にA，B両部品が近づくこととなり，転写促進活性が発揮できるようになる (d)．したがって，青いコロニーを探して，ヒト cDNA 由来の配列を決定すると，それはタンパク質Hと結合するタンパク質（の一部分）に相当していることが期待できる．このようにして，タンパク質Hのパートナーとなるタンパク質を探し出すことができる．なお，cDNA とは，ある組織に存在するメッセンジャー RNA 集団に相補的な DNA を逆転写酵素で人工的に合成したものであり，これによって，実際に発現している遺伝子の配列を，余分なイントロン配列をもたない形で得ることができる.

以上の実験では，Gal 4 タンパク質のドメイン A，B が独立にそれぞれの部分機能を保持できることを利用している．また，元来は無関係なヒト，酵母，大腸菌の遺伝子，タンパク質が組み合わされて使われている.

11.4　現代生物学の研究道具抜粋

(1)　制限酵素

先述のような実験では，DNA の特定の遺伝子部分を純粋に取り出し，それらを種をこえてつなぎあわせることができなければならない．このような DNA 操作技術に必須である制限酵素は，細菌などの微生物が保持している制限・修飾といわれる外来の DNA を分解する性質を地道に研究することから発見された．日本の代表的な制限酵素製造メーカーである宝酒造のカタログをみると，約 2,400 種類の酵素が記載されており，99 種類が販売されている．これらはそれぞれ異なる細菌から発見されたもので，それぞれ特異的な塩基配列（4～8 塩基の対称性をもった並び）を認識して切断する．このような配列特異的なはさみを使い分けることによって，DNA を切り出して組み合わせ，DNA リガーゼという酵素でつなげることができる．遺伝子をクローニングするとは，このような方法によって，目的の遺伝子断片を複製能力のあるプラスミド DNA（ベクター：運び屋）に組み込むことである．こうしてできたプラスミドを大腸菌などの細胞に入れて培養し，取り出すことにより，目的の遺伝子を手にすることができる.

(2)　ポリメラーゼ連鎖反応（PCR）マシン

試験管の中で特定の遺伝子（DNA 領域）を増幅するため，DNA 合成酵素による反応を，目的の DNA 領域を挟む二つの人工的プライマーから起こさせる．できた産物にもプライマーを貼り付けるような温度制御のステップを挟んで合成反応を繰り返すと，その領域が指数関数的に増幅される．100℃ 近い高温に耐えられる好熱菌由来の酵素を用い，反応の繰り返しが自動化されているのが PCR マシンである．化石からの遺伝子回収，遺伝子検査や犯罪捜査への利用など話題性が高いが，日常の研究で必須の機器である.

(3) DNA 合成機，ペプチド合成機

有機合成化学の手法により，配列を指定してオリゴヌクレオチド（100 残基程度まで），あるいはペプチド（50 残基程度まで）を自動合成する機械である．DNA 合成機は PCR や DNA 配列決定に用いるプライマーの作製をはじめ，遺伝子の人工的配列改変，細胞内核酸の追跡実験など，広範な実験に利用される．ペプチド合成機を用いれば，遺伝子塩基配列から予測される配列をもつポリペプチドを合成して，それに対する免疫抗体を作製することなどが可能となる．

(4) DNA 配列決定機，タンパク質配列決定機

DNA の配列決定に関しては，別の観点を交えて次節で説明する．タンパク質の配列決定は一方の端（N 末端）のアミノ酸を修飾して切断する，エドマン分解という化学反応を繰り返し，順次遊離するアミノ酸誘導体を同定することによってなされる．決定できる残基は数十残基までである．逆の端（C 末端）側からの配列決定法や，質量分析による配列決定も行われる．

11.5 確率，探し物・選択，進化—生物学的思考—

(1) 進化の産物

生物学は，元来現象記載的な学問であったが，幸いにも 20 世紀の後半になって，生物の最も根本的な遺伝子の本体とそのはたらきに関する分子生物学や，タンパク質の構造と機能に関する生物物理学が隆盛し，生命現象の基本原理の一端が解明された．しかしながら，きわめて複雑で情報量の多い生体高分子のあり方には必然的なものばかりではなく偶然の要素も入り込んでいるように思われる．あるタンパク質が示す精巧な仕組みも，その機能を発揮するための唯一の方法ではなく，必ずしもその目的のためにデザインされたともいえない．われわれは，長い進化の過程で「たまたま」うまくいったものをみている．生体高分子の部品は，さまざまに組み合わせて使うことができることにはすでに触れた．

これまで，遺伝情報の正確な処理を強調して話を進めてきたが，もちろん進化のためには変化（ある低い頻度で起こる「誤り＝変異」や再編成，組み替え）が必要である．ここでは変異が起こる機構などについて言及する余裕がないが，遺伝情報の無方向的な変化が生存競争による選択圧と組み合わされた結果，現在の生物種がつくり出されてきたものと考えざるをえない．一つ一つの生物種のあり

方や生体分子の仕組みは，一つの「成功例」にすぎないとすれば，生物や生体機構のもつ多様性もよく理解できる．

(2)　デザインか選択か

高等生物には，外来のタンパク質などの抗原に対して免疫抗体をつくる能力がある．抗体タンパク質は抗原に対して相補的な構造をとって結合する．その個体にとって未経験の新たな抗原タンパク質などが侵入した場合でも的確に対応する抗体をつくる能力は，どのように説明されるのであろうか．一つの考えでは，抗原によって何らかの機構でそれに適合するようなタンパク質が新たにつくられる(抗原指令説)．もう一つの考えでは，もともと多様な抗体分子をつくるヘテロな細胞集団が存在し，その中からその抗原に対応する抗体をつくる細胞が選び出されて増幅する（クローン選択説)．現在，後者が正しいことがほぼ証明されている．抗体の遺伝子は変異・再編成を起こしやすいことは事実だが，そのような変化はランダムなものであり，抗原によって指令されるわけではない．

膨大な試行錯誤の中から，たまたま目的に合ったものを選択する作戦は，生物の本質かもしれない．このような「生物学的な」思考は，研究にも反映される．上のパートナー探し仮想実験では，多くのクローンの中から目的のものを選び出す方法を工夫しているのであって，直接理詰めでデザインするといった作業は含まれていない．現在，ランダムな配列の中から，目的の性質をもつものを選択する方法がさまざまに考案されている．砂の中から砂金を選び出すことになぞらえて，パニング（panning）と呼ばれる実験もある．莫大な種類の分子から，目的の性質をもつものを探し出す，コンビナトリアルケミストリー（combinatorial chemistry）は，新薬の開発などに応用されている．これらは，生物学的思考の影響を受けた化学の例であろう．

(3)　DNA 配列決定法にみられる生物学的な思考

エドマン分解反応で末端から遊離するアミノ酸を一つずつ決めていくタンパク質のアミノ酸配列決定においては，当然各ステップの反応収率を高めるほど配列が長く読める．「収率 100%」指向が化学的な思考であるとすれば，DNA の配列決定法には「生物学的な」思考が入っている．まず，末端を放射標識して起点を決めてから，有機化学的に塩基特異的切断を起こす方法がある．このとき，反応が完璧に起こると，最初にその塩基が出現するところの情報しか得られないのだが，おおよそ1分子に1切断以下程度の確率でしか反応が起こらないように条件を設定すれば，配列上の種々の場所で切断されたヘテロな産物群が得られる．それらを電気泳動によってサイズで分画し，末端の放射活性を指標に検出する．切断産物が長さに応じて階段状に並ぶので，そのパターンを読んでいけば，塩基配列を読んだことになる．酵素反応を利用する方法もあり，現在塩基配列決定の標準的な方法となっている．配列決定したいDNAを鋳型とし，合成オリゴヌクレオチドをプライマーとしてDNAポリメラーゼ反応を行わせる．このとき，重合基質として用いる4種類のデオキシリボヌクレオシド3リン酸のうち1種類にはジデオキシリボヌクレオシド3リン酸を混合する．このヌクレオチドアナログが取り込まれた鎖はそれ以上伸長できない．先ほどと同様，この取り込みがある低い確率で起こるよう混合比を調節すると，いろいろな長さの産物の集団が得ら

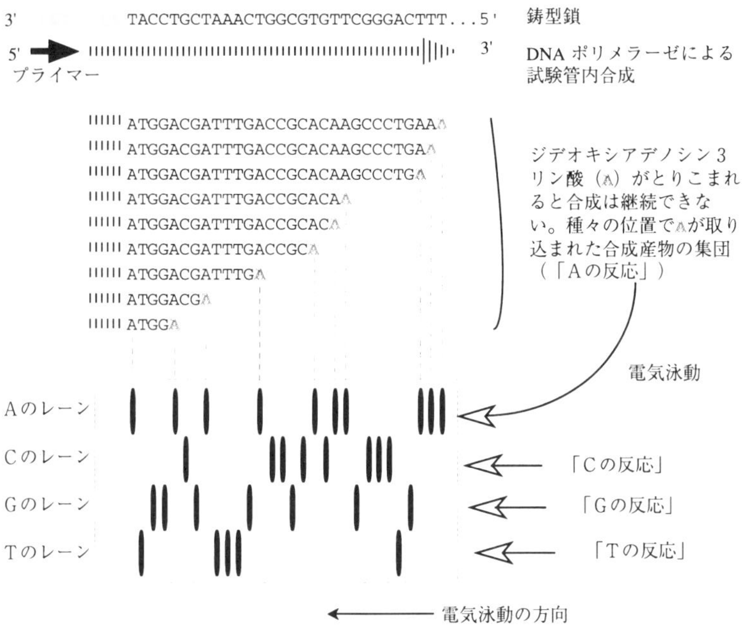

図 11.3　DNA 塩基配列決定法（酵素法）の説明

A（アデニン）の位置を決めるための反応産物の例を上部に示した．これを電気流動にかけると「Aのレーン」で示すようなパターンが得られる．他の塩基の位置を決めるため同様な反応を行い，「Cのレーン」など，それぞれ電気泳動パターンを得ることができる．このようなパターンから鋳型鎖に相補的な鎖の塩基配列を解読することができる．

れ，パターン読み取りが可能となる（図 11.3）．A，G，C，T それぞれに異なる蛍光色素をカップルしたヌクレオチドアナログを用いることにより，電気泳動以降の解析を自動化した機械が，DNA 配列決定機として市販されているものである．確率的に起こった現象の中から，目的に役立つものを拾い上げて利用するといったやり方には，生物学的な発想が込められているように思われる．

(4)　分子と文脈

細胞は外界の変化に応答し，適応するためのさまざまな仕組みを備えている．たとえば，紫外線によって DNA が損傷すれば，傷を治すための酵素やタンパク質が多量につくられるよう遺伝子発現パターンが変化する（SOS 応答機構）．熱によってタンパク質が変性すれば，一連の熱ショックタンパク質（以下に述べる分子シャペロンなど）が誘導されて，ダメージを軽減するためにはたらく（熱ショック応答機構）．紫外線や温度は普遍的な外界のパラメータであるが，細胞はいわば「恣意的に」さまざまな外界の物質などにも応答する．このため細胞は目的の物質を特異的に結合する受容体タンパク質を発現しており，受容体への目的物質の結合が一連の「信号伝達」の過程を誘起して，最終的に特異的な遺伝子の発現を誘導する．細胞（生物）の外界環境に対する応答機構も，最も重要な生物学研究のテーマである．

細胞の応答は生物全体では無数の物質に対してなされているが，生物はこれらそれぞれに対する別々の化学機構をもっているのであろうか．確かに受容体はかなり特異的，したがって全体としては多様であるが，最終的に発現する遺伝子は細胞増殖の制御にかかわるものなど，限られたものの場合も多い．さらに，その中間に介在する信号伝達の機構自体は，数えるほどの種類しかないのである．たとえばタンパク質の特定のアミノ酸残基をリン酸化する反応，脱リン酸化する反応などが代表的なものである．同じ生化学反応でも，異なる細胞では，異なるインプットによって誘起され，異なる結果をアウトプットする．ここでは，分子がどのような「文脈」に置かれるかが重要である．分子や化学反応が，いわばシンボル（記号）として作用するといった解釈もなされる．生物においては，一つ一つの生化学反応の化学的な本質と同時に，それらがどのように組み合わされるか，どのような文脈に置かれるかという問題が重要になってくる．

タンパク質翻訳における遺伝暗号には化学的な必然性があるのか，偶然の産物であるのかといった議論もある．少なくともアンチコドン配列を人工的に改変すれば，任意に読み違いを起こさせることができるのだから，反応機構上の必然性はないといえる．このように，生物における分子の反応には，生物のもつ「歴史」が大きな意味をもっており，偶然性も無視できないように思われる．

11.6 一次元から多次元への展開

(1) タンパク質の立体構造形成

遺伝情報はリニアーな（一次元の）情報である．アミノ酸配列に転換された後，タンパク質は三次元的立体構造をとり，また，他のタンパク質と複合体をつくって機能を発揮できる状態になる．純粋に精製した酵素タンパク質の立体構造を変性剤によって壊してから，変性剤を除くと自動的にもとの構造に戻り，活性も回復する．したがって，タンパク質のアミノ酸配列には，正しい立体構造をとるために必用な情報がすべてインプットされていることとなる．一次元情報が三次元構造を決めているという，この古典的な概念は，最近になって微修正を迫られている．試験管内の純粋状態とは異なり，細胞の中でタンパク質が正しい構造をとるためには，しばしば「分子シャペロン」など他のタンパク質因子の助けが必要だからである．正常な立体構造は，自由エネルギー準位が最低の状態であるため，自発的に辿り着けるのだが，タンパク質のような複雑な分子には，複数のエネルギーの谷間が存在し，準安定な状態や，変性凝集状態などに陥りやすい．分子シャペロンなどは，生合成直後のタンパク質やダメージを受けたタンパク質をエスコートして，細胞という複雑な環境の中で脇道（たとえば変性・凝集への経路）に迷い込んでしまわないようはたらいている．しかし，立体構造の情報そのものは，アミノ酸配列としてタンパク質自体がもっている，すなわち遺伝子に由来するのである．潜在能力の発揮を助ける分子シャペロンのような因子の存在は人間社会を彷彿とさせるものであり，きわめて生物的な分子のはたらきでもある（chaperone の本来の意味は辞書で確認されたい）．

(2) 膜はゲノムと同じくらい重要である

これまで，遺伝情報の生物における重要性を強調してきたが，見方を変えるとそれに劣らず重要なものがある．たとえば細胞膜は水溶性の環境を仕切って，細胞という，遺伝情報が機能する場を提供する．膜がなければ，細胞という空間的アイデンティティーが確立せず，遺伝子機能が細胞や個体の自己増殖を支えることに基づく進化の原動力も生じないことになる．生体膜は脂質二重層を基本構造として，物質の拡散による透過を妨げる．同時に膜には膜タンパク質が組み込まれており，外界とのコミュニケーションを行い，必要な物質のやりとりを可能にする．われわれが思考できるのも，このような膜の存在のおかげである．神経細胞の細胞膜内外のイオン濃度差による膜電位の変化を利用した神経回路が，神経活動の基本をなしているからである．膜は細胞を囲んでいると同時に，細胞内の小器官をつくっている．われわれの使うエネルギーの大部分は，代謝と呼吸の結果ミトコンドリア膜の内外に生じるプロトンの濃度差を利用して形成されるATPによっている．膜は，遺伝情報（＝遺伝子の産物≒タンパク質）が空間的にある秩序をもって展開して活躍するための具体的な場を提供しているということができる．

(3)　タンパク質の細胞における配置

メッセンジャーRNAは核内で転写されてから細胞質に運ばれる．そして，遺伝情報の翻訳（タンパク質の合成）は細胞質で行われる．しかし，タンパク質は細胞質ばかりではなく，膜に組み込まれて膜タンパクになるもの，細胞内小器官や核に移行するもの，細胞外に分泌されてはたらくものなどもあり，それぞれ決まった場所に配置される．タンパク質がしかるべき場所に配置されるプロセスは，遺伝情報が発現して細胞が形づくられるために必要なことである．細胞質以外に配置されるタンパク質は，自分の行き先が書かれた「荷札」とでもいえる短いアミノ酸配列（シグナル配列と呼ばれる）をつけて合成される．「荷札」の多くは，そのタンパク質の機能には必要がないもので，目的地に到着すれば切り取られてしまう．このようなタンパク質の輸送は，それを専門につかさどるタンパク質群によってなされる．膜をこえてタンパク質を輸送するため，膜（小胞体など）にはタンパク質を通すための特別な膜タンパク質が備わっているし，核と細胞質間のタンパク質やRNAの輸送機構も重要である．

このように，遺伝子にはタンパク質の立体構造ばかりでなく，その存在場所を指定する情報も含まれていることがわかる．タンパク質の中に，他のタンパク質の世話係，修理係，運送係などが存在することは，比較的最近わかってきた事実である．このようにゲノムには全体として実に多様な機能の情報が記載されており，細胞膜との関係を含めて一つの統一ある細胞という系をつくり上げているのである．

(4) 形態形成，発生，神経

ゲノムからタンパク質，そして細胞への道筋だけでも気の遠くなるほど複雑，かつ精巧な機構がはたらいている．われわれは未だ一次構造（配列）から，機能を知る能力をもたない．現在，さまざまな理論やすでに解明された実例を頼りにして，アミノ酸配列 → タンパク質の立体構造 → その生物化学機能 → その生物学的機能の経路を演繹的に知ること，デザインすることなどの研究が行われている．生物は階層構造をとっており，次には多細胞生物の細胞間相互作用，形態形成といった問題が生じる．多細胞生物では，細胞はそれぞれ同じゲノム情報をもっていても，一部分の遺伝子セットのみが発現して固有機能のみを発現するように分化している．細胞の分化は，個体の発生，形態形成などの問題と切り離すことができない．これらも生物学の最重要研究課題である．最近，細胞の死までが遺伝情報でプログラムされている（プログラムされた細胞死：アポトーシス）ことも注目を集めている．遺伝情報は生物の立体的な形態を指定するばかりか，それらがどのようなタイミングで形成され，死に至るのかといった時間軸までをもコントロールしている．さらに，現代の生物学のかなりの部分は，神経細胞のつくるネットワークによって，記憶や思考（演算）が行われる分子機構の解明に向けられている．このような複雑な現象も究極的には，タンパク質のアミノ酸配列が指定されること，それらが膜系が形成する場に配置されることによって成し遂げられるわけである．アミノ酸残基の立体的配置によって実現するケミストリーの組み合わせのもつ底力は驚異的である．そのそれぞれを解明し，横たわる基本原理を突き止めていくことは，生物としてのわれわれ自体のよりよい生存のためにも役立つはずである．

コーヒーブレイク⑧

ポーリングとDNAの構造

ポーリングは，20世紀の化学界の巨人の一人である．彼は無機化合物のX線構造解析で研究をスタートし，1920年代の後半から1930年代にかけては量子力学の化学への応用に取り組んで，化学結合論で名声を得た．その後，次第に生化学・医学的な問題に興味をもち，1930年代の終わり頃からはタンパク質の構造の研究にも取り組んだ．1950年には，タンパク質のα-ヘリックス構造を解明するという輝かしい成果をあげた．1950年代の初めにはすでにDNAの構造解析に着手しており，ワトソンとクリックがDNAの構造解明に野心を燃やしていたとき，一番恐れていたのは，ポーリングに先をこされることであった．実際，ワトソンとクリックの歴史的な論文が発表される直前にポーリングもDNAの構造についての論文を発表した．しかしそれは三重らせん構造の誤ったものであった．なぜワトソンとクリックが成功して，ポーリングは失敗したのか．一説によれば，ポーリングがイギリスのフランクリンの撮影したDNAのX線写真をみることができなかったことにも原因があるといわれている．当時，アメリカ政府の核兵器政策に反対していたポーリングにはパスポートが発行されず，イギリスでの学会に出席することができなかったのである．歴史に「もし」は許されないが，ポーリングが最初にDNAの構造解析に成功していたら，その後の化学の発展にも大きな影響があったのではなかろうか．

12
地球温暖化と化学

地球温暖化の現状を解析し，これからの評価や政策の提言をまとめるために，国連の一機関として国連環境計画（UNEP）が発足している．UNEP が 1999 年に公表した報告書によると，21 世紀に深刻になる地球環境問題の第一に地球温暖化が取り上げられており，1990 年代後半の大気中の二酸化炭素（CO_2）問題は，これまでの 16 万年間で最も高い濃度を示しているが，京都議定書（1997 年に開催の地球温暖化防止京都会議で取り決めた先進国の CO_2 放出削減案）の目標でさえ，その達成が難しく，おそらく地球温暖化防止はもはや手遅れであるとしている．この報告書は，世界 100 か国以上の約 850 人の専門家によって取りまとめられたもので，現在最も信頼できるものとされている．温暖化に次いで，淡水資源の不足，砂漠の拡大，水質の汚染の順で警告している．

最近，われわれは猛暑や暖冬が増えていると感じている．新聞などでは南極の氷床や，シベリアの永久凍土が溶け出していると伝えられている．すでに地球温暖化が始まっているのではないかと感じている人が多い．事実，19 世紀後半以降全地球の平均気温は 0.4～0.8℃ 高くなっており，特に 1990 年代の 10 年間は，過去 1,000 年間で最も暖かく，海水面も 10～25 cm 高くなっている．しかし，地球が最終氷期（Last Glacial Period）から現在の暖かい後氷期に移って約 11,000 年間には若干の自然変動があった．たとえば約 9,000～6,000 年前は完新世（Holocene：後氷期）の気候最適期と呼ばれるように，北半球は温暖であった．この時代にはサハラ砂漠も緑で覆われ，水の満ちた湖があちこちにあったらしい．したがって，現在観測している気温上昇は自然の変動の範囲内であると指摘する人もいる．このためであろうか，国連の一機関である気候変動に関する政府間パネル（IPCC）が1995年に公表した第二次報告書で地球の平均気温の上昇は，すべてが自然変動によるものではないとしている．しかし，2001年公表の第三次報告書では，その原因は人類活動と考えるのが適当であると，より明確に述べている．

次の1,000年を見据えて計画を立てようという意味であろうか，2000年代に入りミレニアムという語を耳にする．『源氏物語』などの平安文学が華やかであった，1,000年前の地球の気温は2℃ばかり暖かい時代であった．200年あまり前，浅間山やラーキ山（アイスランド）の大噴火により北半球が寒冷化し，日本では天明の飢饉を引き起こした．自然にはこの程度の揺らぎが生じる．では1,000年先はどうであろうか．

大気中のCO_2濃度が年率1%のペースで増加すると仮定すると，2050年に地球平均気温は2.5℃くらい上昇すると予測される．温暖化は海より陸地に，赤道より極地の方に大きく現れるので，陸上においては3～5℃，北極圏の中では7℃も上昇すると予測される．現代の地球の気候は，氷期-間氷期サイクルなど気候の移り変わりをみると，微妙なバランスの上に立っていることがわかる．CO_2濃度の増加が地球温暖化を招くという単純なシナリオだけでもこのように急激に変化する．本章ではCO_2が増加するとどのような影響が出るのかについて概説し，化学の視点からなにを行うことができるのかを考える．

12.1　地球温暖化について

(1)　地球の気温

地球の平均気温は，単純に太陽から入射するエネルギーと放射するエネルギーの収支のバランスによって決まり，現在，約15℃に保たれている．太陽からの入射量を地球がすべて吸収したときの黒体温度は5℃となる．しかし，水の惑星である地球は雲が漂い，南極や北極などは氷床に覆われ，中央アジアからアフリカにかけて広大な砂漠が広がる．これらは太陽光をよく反射するので，地球全体をみたときの反射率は33%となる．このような惑星の反射率をアルベド（albedo）という．この反射による冷却効果は−25℃と見積もられる．

一方，大気中では，水蒸気などが地球表面から放出される輻射光を吸収する．この効果を温室効果と呼び，+35℃となるので，地球表面温度はこれらの和で計算され，+15℃となる．隣の惑星の金星，火星ではどうか．金星の黒体温度，冷却効果および温室効果はそれぞれ +55，−84，+460℃ となり，表面温度は430℃ といった生物の生存できない高温となる．一方火星ではそれぞれ −50，−10，+15℃ となり，表面温度は −45℃ と極地以下の温度となる．金星は太陽に近く，高い濃度の CO_2 で覆われているので黒体温度や温室効果が大きくなる．逆に火星は太陽より遠くなり，大気が希薄なために表面温度は低くなる．太陽からの入射光は地球を暖め，地球からの輻射光は主として赤外線となり，半分程度が水蒸気に吸収される．

近年，人類の活動が盛んになって，地球全体が自然の状態から離れていく現象がみられる．大気中の CO_2 の増加がその一つである．大気中にはもともと 280 ppm（parts per million：100 万分の 1）の CO_2 が含まれているが，化石燃料の消費とともに増えて現在 365 ppm になり，200～300 年後には現在の数倍に達すると予測されている．20 世紀の科学技術は主に生活を豊かにする物質の研究開発であった．自然循環の乱れをあまりかえりみないできた．しかし，地球環境の変化を放置すれば，間違いなく生態系ばかりでなく人類の重大な危機を招くであろう．このような自然の近代科学技術へのリベンジを和らげるために，21 世紀は地球生態系を含めた科学技術の研究開発が要求されるに違いない．

(2) 温室効果気体（greenhouse gases）

温室効果を示す気体に，CO_2 のほか，メタン（CH_4），フロン（フロン 11 $CFCl_3$，フロン 12 CF_2Cl_2），酸化二窒素（N_2O）がある．CO_2 は大気中に 0.36% ほど存在し，地上からの輻射線を吸収している．したがって，CO_2 が化石燃料の使用によって大気中に増加しても，赤外部での吸収エネルギーは 0% のときに比べて相対的に低くなる．他の温室効果気体の大気中濃度は CO_2 に比べてたいへん低い．また，フロンのように多くの原子からできている分子では，1 分子あたりの吸収されるエネルギーは高くなる．このように，同じ濃度の増加でも温暖化効果は気体の種類によって異なる．CO_2 を 1 とした地球温暖化指数（global warming potential）は CH_4 で 21，N_2O で 290，フロン 12 では 11,700 に達する．図 12.1 に地球温暖化への温室効果気体の寄与する割合を示す．

CH_4 は沼地，ツンドラ，水田などの湿地，ウシなど家畜のゲップ，天然ガスなどが発生源で，現在大気中に 1.75 ppm まで増加している．しかし，大気中の CH_4 は約 10 年で酸化されて CO_2 になるので，温暖化に伴う CH_4 の発生増が将

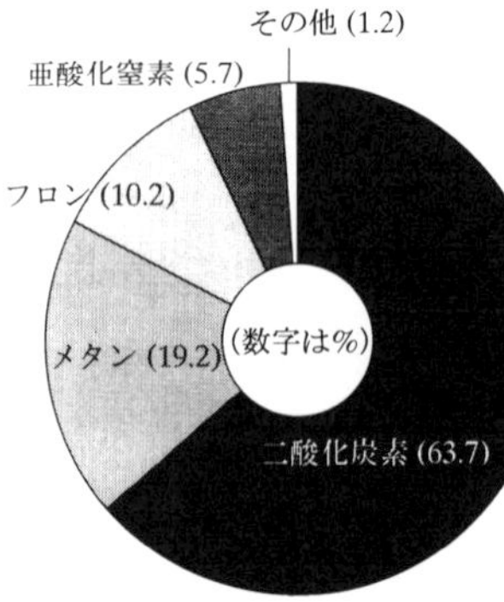

図 12.1　温室効果気体の温暖化へ寄与する割合

来重要になるであろう．フロンはもともと自然に存在しない物質であるから，人類の英断でもって発生源をなくすれば，50 年程度で半減するといわれている．N_2O の多くは自然界から生まれるものであり，温暖化に与える効果も低い．

これに対して，CO_2 は温暖化に与える割合も高いだけでなく，それ以上に根本的な解決法が見つかっていない．化石燃料のない現代社会は考えられない．しかし化石燃料を消費すれば，放出された CO_2 の 60% が間違いなく大気中に増加する．たとえこの 100 年間に化石燃料の消費を 2/3 に削減しても，100 年後の地球温暖化のレベルが 100 数十年に伸びる程度である．とてもミレニアムといった時間スケールではない．ここでは，以上の理由で CO_2 についてのみ記す．

(3)　気温変動の歩み

南極大陸やグリーンランドは，広大な氷河で覆われている．降雪によって生成した氷床は氷流となって海面の上にも棚氷をつくり，その先端は氷山となって海に流れ出してバランスを保っている．氷床の厚い地点では 3,000 m をこえ，数十万年もかかって形成されている．このような地点で氷柱をボーリングして採取すると，この中には積雪したころの大気，大気により運ばれた塵などが含まれ，これを解析することによって，それぞれの年代の気温，大気中に含まれる CO_2，CH_4 の濃度などの貴重な情報が得られる．

水分子中の水素は，質量数の異なる ^1H，^2H(D)，^3H(T) の 3 種の同位体 (isotope) があり，特に，後の 2 種を重水素 (deuterium)，三重水素 (tritium：

トリチウム）と呼んでいる．酸素も同様に ^{16}O，^{17}O，^{18}O の同位体がある．これらの同位体は，質量数によって沸点，融点などの物理的性質だけでなく，化学的，生物学的性質もわずかではあるが異なる．降水や積雪の中の水素や酸素では，その地点の気温の高いときに，重い同位体の割合が高くなる．この割合を重水素では δD で表し，年平均気温（T℃）との関係は測定した結果から $\delta D = 5.6T - 100$ が得られている．ここで δD は次式で表される．

$$\delta D(‰) = [(D/H)_{試料}/(D/H)_{標準} - 1] \times 1000 \quad (12.1)$$

酸素同位体では同様に，

$$\delta^{18}O = 0.695T - 13.6 \quad (12.2)$$

で示される．

南極大陸の標高 3,500 m に近いボストーク基地でボーリングが進められた．ここから得られた 3,300 m の氷柱から，順次，気温，CO_2，CH_4 などの歴史が紐解かれ，過去 43 万年間にわたる精細な変動が明らかになった（図 12.2）．この図にみられるように，10 万年ほどの氷期が続き，氷期の間に暖かいが不安定な間氷期がある．しかし，約 11,000 年前から，現在の安定した温暖な気候の後氷期

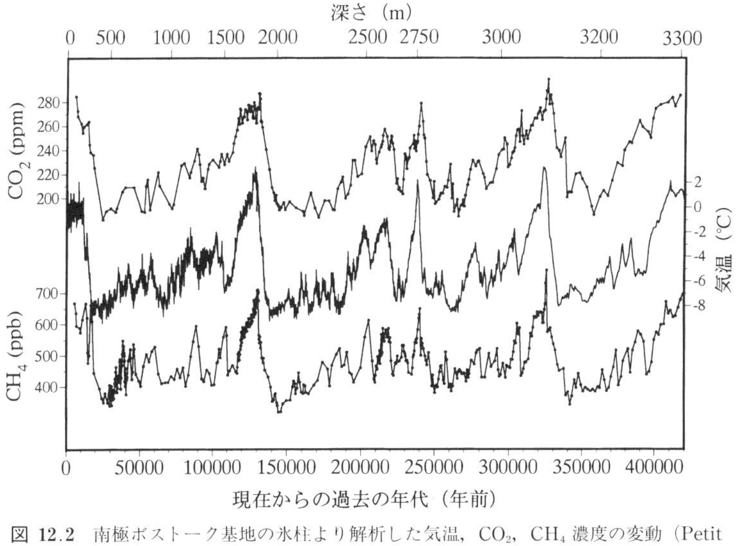

図 12.2 南極ボストーク基地の氷柱より解析した気温，CO_2，CH_4 濃度の変動（Petit *et al.*, 1999）

が続いている．また，氷期の中にも 41,000 年と 23,000 年という周期性がみられる．このような長期の気候変動については，1941 年に天文・数学者であるミランコビッチ（Milankovitch）によって提唱されたミランコビッチサイクルが支持されている．これは，地球表面に到達する太陽エネルギーの入射量は地軸の傾きと首振り（歳差運動）および地球の公転軌道の 3 個の軌道要素によって決まり，この周期性が気候変動に影響するという説である．氷期-間氷期の気温変化は，大体，地球の軌道要素により支配されると考えてよい．

12.2　二酸化炭素と炭素循環

(1)　大気中の二酸化炭素濃度

1957 年の国際地球観測年を契機にして，キーリング（Keeling）は CO_2 の自動観測装置を作製し，ハワイのマウナロア山頂近くに設置した．その結果，大気中の CO_2 濃度が年々増加し（図 12.3），やがて人間活動により放出される CO_2 の温室効果を心配する声が上がってきた．

では，化石燃料などの消費によって，どの程度 CO_2 が増加したか，それ以前の大気中 CO_2 濃度の移り変わりはどうであったか．これは前述したように，南極やグリーンランドのボーリングによって得られた氷柱から知ることができる（図 12.2）．図 12.2 はこの 40 万年あまりの CO_2 濃度と気温との関係を示したもので，両者の間にかなりの相関関係がみられる．大気で運ばれた塵の中の $CaCO_3$ が，氷柱に封じ込められた大気中の CO_2 との反応

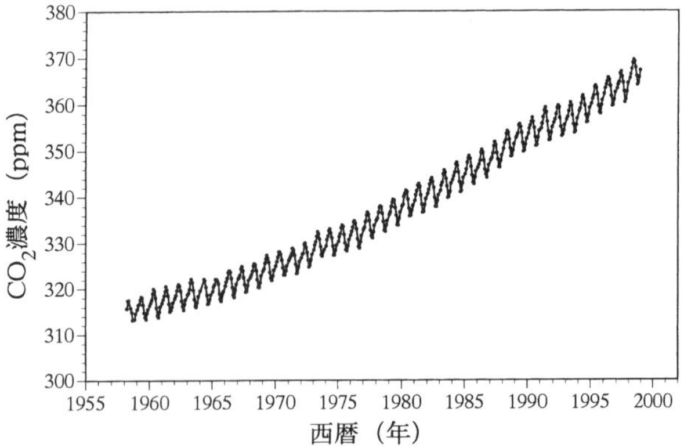

図 12.3　ハワイマウナロアでの CO_2 濃度の変動

$$CaCO_3 + CO_2 + H_2O \rightleftarrows Ca^{2+} + HCO_3^-$$

によって，若干低い濃度が観察される場合があるが，全体の流れからみるとその影響は大きくない．CO_2 濃度は間氷期に約 280 ppm と高い値を示すが，氷期に入ると 180～200 ppm まで低下する．1,000 万～2,400 万年前の中新生（Miocene）の年代にさかのぼっても，CO_2 濃度は 300 ppm をこえていない．後氷期に入って 280 ppm 前後の安定していた CO_2 濃度は，産業革命以降徐々に増え始め，20 世紀後半に入って急に増加し，20 世紀末には 365 ppm となっている．この 85 ppm の増加はいうまでもなく人間活動によるものであり，過去，2,400 万年の間の地球が経験しなかった高い数値である．

なぜ，過去 43 万年間，大気中の CO_2 濃度が気温と連動したのか．これについてはまだ明らかになっていない．氷期から後氷期にかけての約 80 ppm の CO_2 増加が地球の温暖化をもたらしたのではない．人間活動によってすでにこの程度の増加が進んでおり，これによる温暖化はせいぜい 1℃ と見積もられる．これは氷期-後氷期の約 10℃ の気温上昇と一致しない．また，氷期-後氷期の温暖化によって，氷河は溶けて針葉樹林が広がり，針葉樹林は広葉樹林へ，乾燥していた熱帯は熱帯雨林へと植生が変わってきた．これに伴って大量の炭素が大気から陸上植物へと移動している．大気中の CO_2 濃度はこの移動した量だけ減少するはずであるが，逆に 80 ppm も増加している．合算しておおよそ 200 ppm に上る CO_2 の行き先は海洋が関係しているとしか考えられない．この膨大な量の CO_2 は海のどこへ行ったのか．いろいろ考えられる中で，植物プランクトン（phytoplankton）による，より深い海への移動の可能性が高い．

(2) 地球の炭素循環

前に記したように，国連環境計画は 21 世紀に人類の当面する課題の第一に地球温暖化をあげている．このために産業廃棄物を資源として再利用を行い，可能な限り工場の外に排出しないゼロエミッション（zero emission）への取り組みが進められている．このような循環型社会の形成が，全地球的に，可能な限り早く行われる必要があることはいうまでもない．しかし，これらの産業廃棄物処理に CO_2 の放出は考慮されていない．現在の化石燃料の消費は炭素換算で年間 63 億 t であり，CO_2 に換算すると 230 億 t に達する．大気中に廃棄された CO_2 の

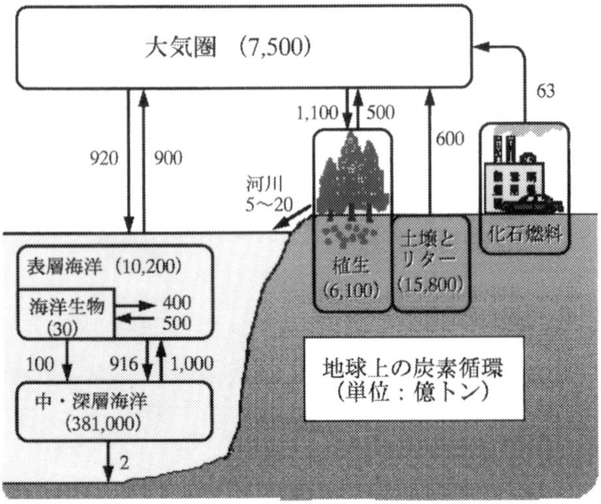

図 12.4 地球上の炭素循環（単位：億 t）

ほとんどが，地球表層の生物圏内で循環している（図 12.4）．生物圏外から採掘した化石燃料の使用量の大半が地球表層の増分となってくることを忘れてはならない．1997 年 12 月に地球温暖化防止京都会議が開催され，CO_2 排出削減についての京都議定書が提出された．これは先進国が 1990 年実績に基づいて 2008～2012 年の間に 6.0～8.0% 削減するのを基本とする案である．このような各国の努力が必要なことはいうまでもないが，同時に化石燃料の使用を 10% 削減しても，CO_2 の増加量が 10% 減少するにすぎない，すなわち，省エネルギーのみでは CO_2 の根本的な解決法にはならないことを銘記すべきである．図 12.4 に示されるように，陸地の植物の生産量は年間 600 億 t と化石燃料消費量の 10 倍に当たる．成長している若い樹木は CO_2 を取り込むが，やがて成長が止まり，逆に放出し始め，全体として放出と吸収のバランスがとれている．計画的な伐採と植林，できれば太陽エネルギーの変換効率のよい陸地植物の利用が化石燃料の消費削減の一助となるであろう．

大気に放出された CO_2 の約 40% が海洋に移行する．海洋の植物プランクトンは，表層で海洋水中の CO_2，硝酸イオン（NO_3^-），リン酸イオン（PO_4^{3-}）と太陽光によって光合成される．植物プランクトンの海洋における単位面積あたりの生産量は，陸上植物に比べて少なく，1,000 分の 1 にすぎない．しかし，全海域で日々増加し，その生産速度がきわめて速いため，年間約 500 億 t の生産量を示

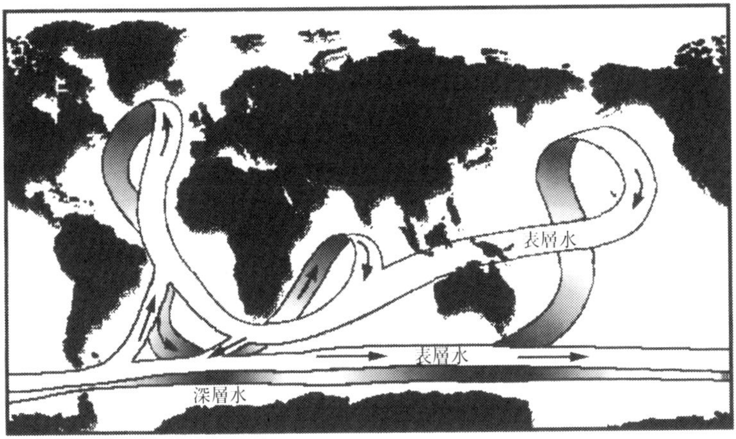

図 12.5　海洋大循環の簡略モデル

す．

太陽光は海洋の 200 m 以内の表層で吸収されるので，植物プランクトンはこの有光層で光合成される．植物プランクトンの中に，$CaCO_3$ の殻をもつ円石藻(coccolithophorids) とオパール (SiO_2)の殻をもつケイ藻 (diatoms) があり，その沈降は，他の植物プランクトンに比べきわめて速い．生産された植物プランクトンの多くは，動物プランクトン (zooplankton) に捕食され，排泄物は糞粒(fecal pellets) として沈降する．このような生物による海洋深層への炭素の輸送を生物ポンプ (biological pump) と呼び，炭素の循環の上で重要である．

もう一つの深層への輸送に，海洋大循環 (global ocean circulation) がある(図 12.5)．海水は塩類を約 3.5% 含み，その密度は気温，河川の流入などによって変化する．南極周辺および北西北大西洋海域では，冬期になると海の表層が冷えて密度が高くなり，CO_2 を連れて海底まで沈み込む．南極海周辺で沈み込んだ水塊は深層流となって南極の周囲を西から東へと回る．一方，北大西洋で沈み込んだ深層流は，西大西洋を南下し，南極深層流と合流する．この深層流の一部がインド洋や太平洋を北上し，1,000～3,000 年かかってそれぞれの海域で表層に湧昇してくる．このような循環と大気の移動によって，熱帯の熱が極地に移動して，地球上の温度差を低くしているのである．

12.3 二酸化炭素問題を考える

(1) 二酸化炭素による気候変動

本章冒頭に記したように，後氷期の温暖な気候の中でも，2～3℃の自然の変動があり，近年の全地球の平均気温の上昇が，自然の変動に入るか，人間の活動によるのか，意見は分かれるかもしれない．将来予測される CO_2 増加を100年のスケールで考えると，地球温暖化に与える影響は明らかである．しかし，このまま地球が温暖化するとのみ予測されているわけではない．

一方で寒冷化を予測する研究者がいる．現在の後氷期に入る前，北ヨーロッパでは新ドリアス事件（Younger Dryas Event, 12,900～11,600年前）といって短い温暖な気候に入った後，急に寒冷化した時期があった．このような気候の急変は，海洋循環が変わったことによることを示すいくつかの証拠がある．後氷期では図12.5に示されるように，北太平洋のグリーンランド沖で沈み込んだ深層流は，赤道を通り南極海まで南下する．すなわち，グリーンランド沖の冷水塊はそのまま南極の深層まで運ばれる．しかし，最終氷期の寒冷期ではグリーンランド沖で沈んだ水塊は，深層まで達しないで中層で止まり，南下する．そして北大西洋の熱帯に至るまでに浮上し，暖かいメキシコ湾流を冷却して，冷たい水塊が北上するという循環に変わる．このために1,000年あるいはそれよりももっと速く寒冷化が生じたのである．現代の地球温暖化がこのまま進行すると，極地の氷が溶けて北大西洋の表層水の密度が上がる．このため深層まで沈まないで中層で南下を始め，氷期と同じような循環に変わる．このため，北アメリカ，北ヨーロッパは数十年といった短期間に寒冷化するという説である．今後，温暖化が続くか，または突然氷期に入るか，今のところ定かではない．しかし，ここ数十万年の記録をみると，現在の温暖な気候が微妙なバランスの上にあることは間違いないであろう．

(2) 二酸化炭素対策の現状

CO_2 問題の難しさは，放出される量が年間230億tと途方もなく多いことである．表12.1に現在 CO_2 対策として講じられている活動を示した．この中には放出量を無視した活動も多く，特に CO_2 活用のところにみられる．CO_2 は化学工業でほとんどが尿素，尿素樹脂の原料として用いられているが，それでも年間

75万t程度である．次いで食品工業で溶媒として用いたり，最近，超臨界CO_2の活用が計画されているが，CO_2をそのまま利用するので削減対策にはならない．

電力の原子力エネルギーに依存する割合は高い．このエネルギーは^{235}Uの核分裂（nuclear fission）によって放出されるエネルギーを利用するために，直接にCO_2は出さない．また，原子炉建設などによる間接的な放出量も少ない．しかし，原子炉の事故，使用済み原子炉および核燃料の処理など不安は残ったままである．

自然エネルギーでは，多くが太陽エネルギーを直接に，あるいは間接に活用している．水力の占める割合は最も高いが，自然保護と絡んで今後どれだけ増加できるかあまり期待できない．太陽電池と風力発電の成長は目覚ましいが，コストとエネルギー総量に占める割合を考えるとあまり大きな期待はもてない．地熱発電は地熱の利用可能な地域が限られるので，将来大きく寄与すると思われない．

人類の活動とともに森林破壊が進んできている．森林の保護は自然環境の保全だけでなく，これから迎えるであろう気候変動に向けて，治山，治水対策としても欠かせない．しかし，樹木は年とともに成長が止まり，CO_2の吸収源としての役割はなくなる．バイオマス（biomass）の利用には計画的に伐採，植林が必要である．これからはエネルギー源としてだけでなく，積極的に炭化水素として得て，石油，天然ガスの代替としての活用を視野に入れるべきであると考えている．現在，生活廃棄物処理に地方自治体で試みているメタン発酵処理へのバイオマスの組み入れや，直接触媒を用いるバイオマスから水素ガスへの製造法の開発などは，今後発展させる必要がある．

このように，代替エネルギーの開発だけではCO_2問題に十分対応できない．もう一つの方法は，化石燃料消費量を減らすことである．これについては社会的

表 12.1　CO_2をめぐる対策

CO_2の活用	合成原料，溶媒など	
代替エネルギー	人為によるエネルギー	原子力
	自然にあるエネルギーの活用など	水力，地熱，風力，海洋（干満，温度差），太陽電池，陸上植物
省エネルギー	効率向上，節約，循環利用	
森林保護		
隔離	地中隔離，海洋隔離	

にも多く議論されているのでここでは省略する．しかし化石燃料を使用すれば，必ずそのうち60％は大気中の増分となり，これによっていつの日か気候変動の引き金になることは間違いないのである．だからこそ，代替エネルギーの開発にしても，省エネルギーにしてもその効果が少ないからといって止めるわけにはいかない．たとえわずかでもほかに有効な手段がない限り，努力しなければならない．しかし，ここで従来の価値観を変える思い切った省エネルギーの手段をとらない限り，実効をあげることはできないであろう．

1999年，アメリカエネルギー省はCO_2を海底や地中に封じ込める研究計画案を発表した．2025年までにアメリカの現在の排出量炭素換算18億tの半分以上に当たる10億tを封じ込める技術の確立を目標とした内容である．アメリカ政府がCO_2削減だけでは，この問題に十分対処できないと考えたためであろう．しかし，排気ガスなどからCO_2を分離し，加圧後液状化して廃棄地点へ輸送し，必要であれば水和物化して海底などに封じ込めるには，膨大なエネルギーと経費がかかる．さらに，CO_2の不安定な状態での大量貯蔵が，周辺の水塊への溶解，あるいは地殻変動による不安定性の破壊を考えると，全面的にこれに期待することはできない．表12.1に固定ではなく隔離と記したのは，この不安定性のためである．以上のようにCO_2問題について有効な決め手がないのが現状である．

(3) 二酸化炭素問題に対する一化学者の提言

海底堆積物中に$CaCO_3$を50％以上含む海域は広い．これは円石藻，有孔虫（foraminifera）などの$CaCO_3$の殻をもつ動・植物プランクトンが海底に沈んだものであり，これが自然の循環過程である．この過程を増幅することができれば，比較的自然にやさしいCO_2固定の手段になると考えている．

海洋の表層で植物プランクトンが光合成されるため，表層に硝酸イオン，リン酸イオンがほとんど溶存していない．しかし南極海，アラスカ湾，東太平洋赤道付近では，表層でこれらの栄養塩が溶存している．マーティン（Martin）らは海洋中低濃度の鉄の定量に成功し，鉄が不足しているために植物プランクトンの増殖を制限しているという「鉄仮説（iron hypothesis）」を提唱した．さらに，南極海に30万tの鉄を散布するとCO_2問題が解決すると主張したので，たいへんな話題となった．この鉄散布には異論が多いが，鉄仮説は東太平洋ガラパゴス島沖で実証された．この海域に2×10^{-9} Mの$FeSO_4$を散布したところ，2回目

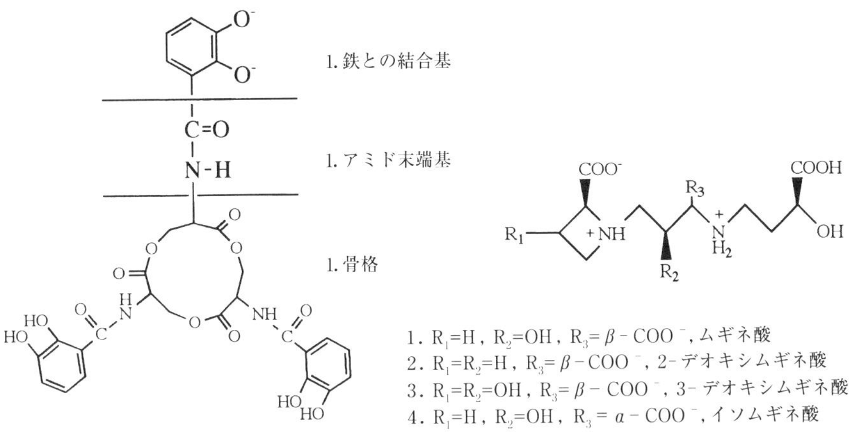

(a)　(b)

図 12.6　鉄輸送体の例
(a) エンテロバクチン, (b) ムギネ酸類.

の散布後，ケイ藻類が 10 数倍に増えたのである．鉄は地球上のあらゆる生物に必要な元素である．しかし，水和酸化物の溶解度がきわめて低いので，そのままでは細胞膜を透過できない．微生物の中には比較的低分子量のシデロホア (siderophore：鉄運搬体) を合成し，鉄を可溶性錯体に変え，レセプタータンパク質を輸送しているものもある．これらのシデロホアの多くは，末端基に Fe(III) と安定なキレートを生成するカテコール基またはヒドロオキサム基を有している．大腸菌が分泌するエンテロバクチン (enterobactin) を図 12.6(a)に示す．エンテロバクチンは 3 個のカテコールをアミド基で挟んで，トリセリン骨格につながっており，Fe^{3+} との生成定数が 10^{52} というきわめて高い安定性を有している．エンテロバクチンを [ent] とし，この生成定数を K_f とすると，次式で表される．

$$Fe^{3+} + ent \rightleftharpoons Fe\cdot ent, \qquad K_f = [Fe\cdot ent]/[Fe^{3+}][ent] = 10^{52} \tag{12.3}$$

しかし，植物のシデロホアとして分離され，構造解析されているのはイネ科の根から分泌されるムギネ酸類（図 12.6(b)）のみである．いうまでもなく，シデロホアは種固有のもので，鉄輸送の選択性は高い．

海洋堆積物に炭素を運搬するには，$CaCO_3$ の殻をもち，沈降速度の速い円石藻が主役を務める方が望ましい．しかし，海洋における$CaCO_3$の生成は生物体が関与するか否かとは無関係に，全体として次の反応となる．

$$Ca^{2+} + 2HCO_3^- \rightleftarrows CaCO_3 + H_2O + CO_2 \qquad (12.4)$$

すなわち，海洋水のpHが変わらないとすると，$CaCO_3$の生成量と同量のCO_2を放出するので，大気中のCO_2の削減には役立たない．一方，$CaCO_3$の殻をもたない，有機体だけの植物プランクトンの生産は，海水のpHを高くするのでCO_2の吸収源となる．実験室で円石藻を培養すると，培養液である海水のpHはほとんど変わらない．これは$CaCO_3$の生成によるpHの低下と，軟組織の成長による上昇とが，ちょうど相殺されるからである．しかし，海洋では軟組織の微生物による分解が進むので，ケイ藻類や分解の遅いプランクトンの生産も参加させる必要がある．どのプランクトン種をどの比率で一次生産させるか，すなわち，プランクトン種の生産をコントロールできるようになると，効率よく炭素をより深い層へ運搬でき，海底堆積物として固定できると考える．プランクトン生産を制御できる第一歩は，ほとんど見出されていない植物プランクトンの鉄輸送体（iron transporter）を探索することである．次に，これを培養液から分離して構造解析を行い，さらにできればこの鉄輸送体を合成してどの領域が細胞膜を通過できるかを調べることである．最後に，最も低分子の鉄運搬体を南極海などの海域に散布し，予測どおりの結果が得られて初めてこの方法の可能性が明らかとなる．この分野はほとんど未開拓であり，それだけに研究を進める危険性も高い．しかし，いつか人類が解決しなければならない社会的な要求の高い問題である．さらに，分析化学，海洋化学，錯化学，無機生物化学などの化学だけでなく，海洋生物学，分子生物学など幅広い基礎科学の分野を包括している．このような思いに駆られて，1997年から筆者は，植物プランクトンの鉄輸送体の探索の研究に着手してきた．次にその一部を示す．

植物プランクトンが培養液で活発に成育しているときに，突然鉄を含まない培養液に移し変える．プランクトンの成育に鉄は必要であるから，その細胞内から鉄輸送体を分泌するであろう．分泌した鉄輸送体は，Fe^{3+}と安定な錯体を生成するので，クロムアズロールS（chrome azurol S：CAS）の鉄錯体を培養液に加える．分泌した鉄輸送体は，鉄ときわめて安定なキレート（chelate）を生成するので，次の置換反応が生じる．

$$\mathrm{Fe(CAS)}_n{}^{3-n} + \mathrm{L} \longrightarrow \mathrm{FeL} + n\mathrm{CAS}^- \qquad (12.5)$$

ここで，Lは鉄輸送体の配位子（ligand）を示し，この構造がまだ不明のため，仮に1：1で反応するとした．FeCAS^{3-n}と遊離したCAS^-の吸収スペクトルの差から，Lの存在とその相対的な濃度変化が測定される．はじめに琵琶湖に生息するミカヅキモと呼ばれる *Closterium aciculare*（緑藻）などからの分泌を確認し，さらに海洋プランクトンである *Rhodomonas ovalis*（クリプト藻）などからも見出した．これらの配位子を含む培養液をプランクトン成育中の培養液に加えると，その成育が促進された．しかし，*Closterium aciculare* の培養液を，同じ緑藻の *Staurastrum paradoxum* の培養液に加えると，全く成長しないなど複雑な挙動を示している．また，これらの配位子の分泌量は微生物に比べ1/100レベルの低い濃度であり，このため分離，精製，単結晶化が難しく，まだこれらの構造を確認していない．

鉄イオンは水和酸化物を生成しやすいために，一般にEDTA（ethylendiaminetetraacetic acid）キレートとして培養液に加える．現在までの実験では，同程度の生成定数をもつEDTA類縁体を用いたとき，ある配位子では成育を促進し，ほかでは阻害するなど複雑な挙動を示した．これは鉄輸送速度が錯体を生成していない水和鉄イオンの濃度に依存するという従来の考えとは矛盾している．細胞内への鉄輸送が，鉄の溶存化学種によってどのように変化するかといった研究も進める必要があろう．鉄輸送体を含む化学種の変化によって，プランクトン種の生産が制御できるかを解明することが，炭素を海洋深層へ輸送する成否を握っていると考えている．

コーヒーブレイク⑨

アレニウスと地球温暖化

大学で化学を学んだ人なら，電解質溶液の電離説や反応速度の温度依存性の式で有名なアレニウスの名前を聞いたことがあるだろう．アレニウスは，物理化学の発展の初期に大きな貢献をした偉大な物理化学者の一人で，1903 年に「電解質の理論的研究」でノーベル化学賞を受賞した．しかし，彼はそれに止まらないスケールの大きな人物であった．彼の知的興味は驚くほど広く，生物化学から地球科学，天文学，宇宙論にも及び，まさに知の巨人であった．毒素と抗毒素の研究を中心に物理化学的手法を生物化学に導入した開拓者であり，宇宙物理では宇宙空間における光の圧力の役割や太陽系生成の問題を論じ，最初の宇宙物理の教科書も書いている．また，生命の起源に関しても独自の説を提唱した．20 世紀の終わりになって，人類の活動によって大気中の二酸化炭素の濃度が増加し，いわゆる温室効果で地球が温暖化することが大きな問題として認識されるようになったが，この問題を最初に取り上げたのもアレニウスであった．1896 年に彼は「空気中の炭酸の地上温度に対する影響」という長い論文をイギリスの雑誌に発表して，気温に及ぼす二酸化炭素の影響を論じた．何と 100 年も前に二酸化炭素の温室効果による地球温暖化の問題を考察していたことになる．驚くべき人物というほかはない．

13

20 世紀の化学とこれから

20 世紀における科学の発展は，まことに目覚ましいものであった．前半には，相対性理論と量子力学に代表される物理学の革命があり，後半には，DNA の構造の解明に始まる分子生物学の勃興と，それに伴う生命科学の大きな発展が続いた．これらに匹敵するほどの華々しさはないにしても，化学もまたこの世紀に目覚ましい発展を遂げてきた．その発展の歴史は，知的刺激に満ち，心を躍らせる発見に富んでいる．化学は，自然科学の諸分野の中でも最も人間の生活にかかわりの深い学問分野であり，基礎と応用が密接に結び付いた分野でもある．化学の発展はこれまでわれわれの生活を便利で豊かにするのに，大きな貢献をしてきた．しかし，環境問題をはじめとして，化学の発展と利用が生み出した問題も，今日では強く懸念されている．今後，人類が自然・環境と調和して，生存・発展していくためには，化学の健全な発展とその成果の適切な利用は欠くことのできないものである．本章では，20 世紀の化学の発展の流れ（章末の図 13.1 参照），化学の現在の状況を顧みて，将来への展望を考えたい．

限られた紙数で，20 世紀における化学の発展の詳細を論じることは不可能である．その上，化学の広い領域での発展を顧みることは，筆者の力量をはるかにこえる仕事である．そこで，ここでは，ノーベル賞の対象となった業績を中心に 20 世紀の化学の発展を顧みる．ノーベル賞は 2000 年でちょうど 100 年目を迎えた．受賞者の顔ぶれを眺めてみると，この 100 年間の化学の発展の様子がよくわかる．むろん，ノーベル賞を受賞していない化学者の中にも偉大な業績を残した化学者は数多くあるが，ノーベル賞の対象となった仕事をみれば，20 世紀の化学の発展の大体の様子をとらえることができる．科学の発展は連続的であるが，第二次世界大戦の前後では，社会における科学の状況は大きく変わった．そこで便宜的に20世紀を前半と後半に分けて考えよう．

ファントホッフ

E. フィッシャー

13.1 20世紀前半の化学

50年前，20世紀最大の化学者の一人で，無機化合物から生体高分子の化学まで，広い分野で構造化学を武器に活躍したポーリングは，20世紀前半の化学の進歩を次のようにまとめた．

「われわれがちょうど終えたばかりの半世紀は，膨大ではあるが形の整っていない経験的知識の集積から，組織立った科学への展開であった．この変革は主として，原子物理学の発達の結果である．電子と原子核が発見されて後，物理学者は原子と簡単な分子の電子構造についての詳細な理解を得ることについて急速な進歩を遂げ，量子力学の発展に至ってその頂点に達した．電子と原子核についての新しい概念は，ほどなく化学に取り入れられ，莫大な化学的事実の大半を一つの統一された組織にまとめる構造論の形式へと導いてきた．同時に，新しい物理学の技術を化学の問題に適用すること，また，化学自身の技術をたえず効果的に用いることを通じて偉大な前進がなされた．」

この文章は，20世紀前半の化学の進歩の特徴をたいへんよくまとめている．このように，化学はまさに，経験のみに頼る学問から脱皮して，論理的で精緻な学問へと発展し始めたのである．

一方，化学に基礎を置いた技術の発展も目覚ましい．すでに，19世紀から，染料の合成やソーダ工業など，化学に基礎を置いた産業が発達してきていたが，20 世紀に入って，化学産業はますます発展して大規模になった．第一次世界大戦中に，ハーバーとボッシュにより空気中の窒素からアンモニアを合成する方法が開発されて人工肥料が大量に生産されるようになったのは，その代表例である．さらに，1920 年代には高分子化学が誕生し，その応用から生まれた人造繊維やプラスチックなどがわれわれの生活に入り込み始めるなど，化学の応用が人類の生活に大きなインパクトを与え始めた．すでに 19 世紀後半には，化学の中で専門分野の分化が起こり，今日われわれになじみのある，物理化学，無機化学，有機化学，生物化学などの諸分野が確立された．そこで，これらの諸分野での目立った業績を中心に，20 世紀前半における発展を眺めてみよう．各々の分野でのノーベル賞受賞者の名前を各項末にあげておく．人名の後の（　）内の数字は，受賞年度を示す．各受賞者の受賞対象となった業績については，章末の表 13.1 を参照していただきたい．

(1)　物理化学

19 世紀後半から始まった熱力学による化学現象の体系的理解の試みは，1920 年までにはほぼ完成し，化学熱力学に集大成された．ヘリウムの液化に代表される低温技術の発達とともに極低温でのエントロピーが測定され，化学物質の熱力学的関数の表が作成された．これにより，ある化学反応を起こすことが熱力学的に可能であるかどうかを予測することができるようになった．化学平衡に関する問題は基本的には解明され，平衡系の熱力学に基礎を置き，マクロな現象を取り扱う古典的な物理化学は，ほぼ完成されたといえる．初期の物理化学の発展を担った，ファントホッフ，アレニウス，オストワルド，ネルンストが，ノーベル賞受賞者の中に名を連ねている．

20 世紀前半の物理化学の進歩の中で最も際立ったものは，構造化学の発展であろう．化学結合の解明は化学者の長年の課題で，ボーアの原子論が現れると，それに基づいたルイスによる八偶子説が提出された．しかし，化学結合の本質の理解は量子力学の出現によって初めて可能になった．1927 年のハイトラーとロンドンによる水素分子の共有結合の説明，ポーリングの共鳴理論による化学結合の取り扱い，1928 年のフントとマリケンによる分子軌道を用いての二原子分子の電子状態の理論，1931 年のヒュッケルによる共役系の分子軌道法などは，量子力学の化学の問題への応用の初期の輝かしい成果である．このようにして，物理学と化学とは地続きとなり，量子力学の応用だけでなく，電解質溶液論などの統計力学の応用も含めて，化学の中にも理論化学が重要な分野として登場してきた．

構造化学の発展をもう一方で促したのは，ポーリングもいうように新しい物理学の技術を積極的に取り入れた結果である．まず，X線や電子線の回折技術の応用により，簡単な有機・無機化合物については，原子間距離，原子間角が決められて分子構造について詳しい情報が得られた．1930年代には，すでに複雑な生体分子の構造解析が試みられるようになり，その成果は後に分子生物学の勃興につながる．分子構造や分子の中での電子の状態についての情報を得るのに最も貢献したのは，種々の電磁波の物質による吸収や散乱を研究する分光学である．赤外，可視，紫外領域の光の分子による吸収，発光，散乱の現象がさかんに研究され，分子に関する豊富な情報が得られた．さらに，1940年代の中期には，マイクロ波，ラジオ波の吸収を観測する磁気共鳴の手法も開発され，広い波長範囲での分光学の化学への応用の基礎が築かれた．

化学反応の速度や機構の研究は，物理化学の研究の中でも重要な位置を占める．経験的な化学反応論が進歩し，1910年代には，簡単な気相反応について分子レベルで反応機構が論じられるようになった．しかし，反応過程の詳細を分子レベルで理解し，反応速度を理論的に予測することはきわめて困難な課題であった．1930年代の初めに，アイリング，ポラニーによって遷移状態理論（絶対反応速度論）が提出され，非経験的な化学反応論に向けての第一歩が踏み出されたが，そのゴールはまだはるか先であった．

これまで物理化学の対象にはならなかった複雑な系も取り上げられ，それぞれ新しい分野として発展し始めた．それらの中に，コロイド化学，界面・表面化学をあげることができる．それらの開拓者の名がこの時代のノーベル賞受賞者の中にみられる．コロイド化学の発展は，高分子化学・生物化学の発展にも大きな役割を演じている．

ファントホッフ（01），アレニウス(02)，オストワルド(09)，ハーバー(18)，ネルンスト(20)，ジグモンディ(25)，スヴェードベリ(26)，ラングミュア(32)，デバイ(36)，ジオーク(49)，ポーリング(54)，ヒンシェルウッド(56)，セミョーノフ(56)，マリケン(66)，オンサガー(68)

(2)　無機化学・分析化学

19 世紀を通じて，無機化学の最大の課題は新元素の発見であった．しかし，20 世紀初頭までには，天然に存在する元素のほとんどは発見されて，周期律表は完成に近づいていた．その後残されていた Tc(43)，Pm(61)，Hf(72)，Re(75)，At(85)，Fr(87) などの元素も次々に発見された．この時代の元素に関しての注目すべき発見は，同位体の発見である．アストンは，1919 年に質量分析計を考案して多くの元素で同位体の存在を発見した．1930 年には重水素も発見され，同位元素の化学が大きく発展した．

世紀の変わり目に放射能が発見され，その研究は物理・化学の両分野で大きな衝撃を与えた．特に，キュリー夫妻によるラジウムの単離，ラザフォードとソディーによるトリウムの放射能の研究のインパクトは大きい．これらの放射能や放射性元素の研究は，核物理学，核化学，放射化学の新しい分野を生み，核反応の研究が始まった．それまで，決して変わることがないと考えられていた元素が，変換することがあることも見出されたことは画期的な出来事で，人々の物質観に大きな影響を与えた．核反応の研究は新しい超ウラン元素，Np(93)，Pu(94)，Am(95)，Cm(96)，Bk(97)，Cf(98) の発見を導き，周期律表は原子番号 98 までの元素を有するようになった．また，放射性同位元素は複雑な反応の機構の解明や年代測定に利用されて，多くの成果を生んだ．

19 世紀の終わりから 20 世紀の初頭における無機化合物の研究の新しい展開としては，まずウェルナーによる遷移金属錯体の研究があげられる．これにより錯

M. キュリー

ラザフォード

体化学の新しい分野が開け，その後この分野は無機化学，分析化学，有機化学，生物化学が相接する分野として発展していく．金属や合金を含めて無機化合物の研究は，この時代も地味ではあるがたゆみなく続けられた．X 線回折や分光学的手法の導入で，無機化合物の構造に関する知識は確実なものとなった．

化学の発展には，分離，分析，検出，観測の手段の進歩はなによりも重要である．20 世紀の前半には，現在の化学の研究においても重要な位置を占める手法が多数開発されている．先に述べた，質量分析計をはじめとして，クロマトグラフィー，ポーラログラフィー，微量元素分析法の開発はこの時代のものであり，これらの手法は 20 世紀後半も含めて，化学の発展を支えた．

ラムゼー(04)，モアッサン(06)，ラザフォード(08)，M. キュリー(11)，ウェルナー(13)，リチャード(14)，ソディー(21)，アストン(22)，プレーグル(23)，J. キュリー(35)，I. キュリー(35)，ユーリー(34)，ヘヴェシー(43)，シーボーグ(51)，マクミラン(51)，マーチン(52)，シンジ(52)，ヘイロフスキー(59)，リビー(60)

(3)　有 機 化 学

19 世紀の後半には，炭素の原子価の四面体説が提出され，それに基づいて有機化学の古典的な構造論が発展した．また，分析と合成の特殊技術を利用して，多数の天然物質や，実験室で合成された新物質が研究された．それにより，染料や薬品などの有用な物質を製造する有機化学工業が発展した．20 世紀の前半はこの進歩がさらに大きく進められるとともに，天然物化学や高分子化学が新たに発展した時代である．

構造化学の発展により，原子間の距離や原子間角が決められ，分子の諸性質が次第に知られるようになり，有機分子の構造論は正確で有用なものとなった．また，複雑な反応の機構を合理的に理解しようとする試みとして，有機電子論が 1930 年代に登場し，分子内の電子の動きに基づいて有機反応を理解する試みが始まった．

20 世紀前半の有機化学の進歩の特徴の一つは，天然に存在する複雑な分子を単離し，分析し，合成する化学（天然物化学）の発展である．19 世紀の終わりから 20 世紀の初めにかけて，この分野の偉大な開拓者は E. フィッシャーである．彼はプリン系化合物，単糖類，タンパク質の化学の基礎を築いた．さらに分析や合成の技術が進んで，より複雑な分子にチャレンジすることができるようになり，多くの有機化学者の努力で目覚ましい成果が得られた．これらの中でノーベル賞の対象となったものには，ステロール類，ポルフィリン類，胆汁酸，炭水化物，ビタミン A，B，C，性ホルモン，アルカロイド，ヌクレオチドなどの研究がある．

ほしい有機物を自在につくることを目的とする有機合成化学は，種々の新しい合成法が開発されたこの時代に大きな発展をした．特に，石油から有用な物質を合成する際には，有効な触媒を用いる合成法が工夫されて，大きな成功を収めた．しかし，この時代の最も大きな成果は，高分子化学の確立とそれに基礎を置く高分子合成の発展であろう．それにより，新しい繊維，人造ゴム，新しいプラスチックの合成が可能となり，人類は天然の物質の代用品を得ることに成功したのみならず，天然の物質よりも優れた性質の物質すらつくることができるようになった．

E. フィッシャー(02)，バイヤー(05)，ヴァラッハ(10)，グリニャール(12)，サバティエ(12)，ヴィルシュテッター(15)，ヴィーラント(27)，ヴィンダウス(28)，H. フィッシャー(30)，ハワース(37)，カラー(37)，クーン(38)，ブテナント(39)，ルヂカ(39)，ロビンソン(47)，ディールス(50)，アルダー(50)，シュタウディンガー(53)

(4)　生物化学

生命の化学を取り扱う生物化学には二つの流れがある．一つは医学の中の生理学の一分野としての流れであり，一つは有機化学における生体構成分子の研究の流れである．これが，20 世紀になって合体して，一つの独立した学問分野として確立した．したがって，この分野での優れた業績は，ノーベル化学賞および医学・生理学賞の両方の対象となっている．E. フィッシャーによってアミノ酸やペプチド，糖，核酸を構成するプリンなどの分子構造が 20 世紀の初めまでに明らかにされ，その後，生命現象の基礎となるさまざまな分子の構造が明らかにされた．生物化学はそれを基礎として，次第に生体関連分子の化学から生体内反応の解明を目指す動的な生化学へと移り，独立した学問分野として大きく発展していった．

酵素の化学は生物化学の大きなテーマであったが，その発展に偉大な役割を果たしたのは，ウレアーゼを結晶化しそれがタンパク質であることを示したサムナーの仕事であろう．次いでノースロップによりペプシンが結晶化され，1935 年には，スタンレーにより，タバコモザイクウイルスのような植物性ウイルスが結晶化された．生物に似たはたらきをするウイルスが結晶化されたことは驚くべき発見で，その後の生化学の発展に大きなインパクトを与えたと思われる．これらがノーベル化学賞の対象となっている．

ブフナー(07)，ハーデン(29)，オイラー・ケルピン(29)，ヴィルタネン(45)，サムナー(46)，ノースロップ(46)，スタンレー(46)

(5) 次の50年に対するポーリングの予測

ポーリングは以上のような20世紀前半の化学の進歩を回顧して，次の50年について以下のような予測を行った．ポーリングのような大化学者の予測がどの程度当たったかをみることは興味深い．ポーリングの予測は以下のようなものである．

① 原子・分子間の力についての完全な知識を得ることで，反応速度の合理的な予測が可能になり，注文に応じた触媒により反応の制御ができる．

② 化学反応を意のままに起こすための手段，たとえば強力な放射線，非常な高温，高圧が得られる．

③ 分子構造と物性の間の関係を深く理解することにより，各用途に最も適した物質を設計して合成できるようになる．

④ シリコンやフッ素の新しい化合物と同様に，他の元素，たとえばリン，バナジウム，モリブデンなどの巨大無機分子の化学の発展が期待される．

⑤ 金属と合金の化学に関する完全な理論ができ，特別な性質と用途をもつ合金の合理的設計ができる．

⑥ 生理作用をもつ物質，ビタミンと薬剤の研究が進み，分子構造に基礎を置く生理活性物質の化学が進歩する．

⑦ タンパク質，核酸，酵素，遺伝子の構造が解明され，薬理作用が理解される．

ポーリングの予測は，コンピュータや分子生物学出現以前の予測としては，かなり楽観的なものに思われる．この予測がどの程度当たったかは，20世紀後半の化学の進歩を回顧してから考えよう．

13.2　20世紀後半の化学の進歩

第二次世界大戦と，その後の米ソの冷戦が科学の発展に与えた影響は大きい．連合国側の勝利の背景に科学・技術の優位があったこと，そして，なによりも原子爆弾の出現は，科学・技術の威力を明確に示すものであった．世界の各国は自国の安全と繁栄のためには，科学・技術が重要なことを認識し，科学の振興に力を入れた．米ソの冷戦はこの傾向に拍車をかけ，国家の科学・技術への支援は戦前とは比較にならないほど大きなものとなった．また，1950年代には，科学の限りない進歩に対する期待があり，悪用さえされなければ，科学は人類の幸福に大きな貢献をするものと，一般に信じられていた．さらに，戦中に軍事用に開発された技術は，戦後，基礎科学の研究に利用されて大きな成果を生み出した．科学に対する素朴な信頼は，1960年代の後半には失われ始め，環境問題をはじめとするさまざまな難問が出現してきたが，制度化され，国家に支援された科学は，この半世紀に大きく発展した．

このような状況のもとで，化学もまた大きな発展を続ける．20世紀の前半から連続的な進歩を続けた分野もあれば，予期しない発見や発明に触発されて，新しく飛躍的な発展をした分野もある．ここでは，その進歩を振り返って，20世紀後半の化学の発展について考える．

まず特徴としてあげられるのは，理論，実験の両面で物理学と化学の境界がますます薄れたことである．たとえば，物性物理と固体化学の境界は今ではほとんど消滅したし，表面は物理学者にとっても化学者にとっても魅力ある研究対象である．さらに，1952年にDNAの構造が解明され，生命現象が物理と化学の言葉で理解されうることが明らかになると，物理，化学，生物は地続きとなり，生命現象の研究が大きく発展した．エレクトロニクスとコンピュータの進歩，レーザーなどの発明により，観測技術が飛躍的に進歩した．また，コンピュータの進歩により，以前には思いもよらなかった計算が可能になり，理論化学がますます発展するとともに，新しく計算化学と呼ばれる分野が誕生した．物理と化学，化学と生物，化学と医学など，異なった領域間の境界領域や学際領域の研究もますますさかんになった．このような変化は当然，化学の研究のやり方にも大きな影響を与えることとなった．20世紀前半までは，化学の研究は個人の創意に基づいた比較的小規模な研究によっていた．しかし，最近の研究には，大きなグループによるもの，大型の高価な装置に依存するものが次第に多くなっている．

本節では，20世紀後半の発展のハイライトを，(1) 観測手段の飛躍的進歩，(2) 理論化学の発展，(3) 有機合成化学の発展，(4) 生命現象の化学の展開，の4項に分けて論じる．各項の最後にあげたノーベル賞受賞者は，主に該当する項に入れたが，2項以上にまたがる場合もある．

ポーリング

ペルーツ

ケンドリュー

(1) 観測手段の飛躍的進歩

① 構造解析法：　X線や電子線回折による構造解析の技術はさらに進歩して，通常の分子の構造は簡単に決められるようになり，複雑な生体高分子が研究対象となった．原子・分子を直接に観測してそれを自由に操ることは，化学が目指してきた目標の一つであった．これは電子顕微鏡の進歩で実現に近づいたが，近年はSTM（走査トンネル顕微鏡）の出現で，固体表面の原子レベルでの観測が可能になり，これまで推測でしかなかった表面の状態や表面での反応の様子が，原子レベルで明らかにされつつある．

② 磁気共鳴：　戦後に発展した分光法の中で，化学に最も大きな影響を与えたものの一つは磁気共鳴の手法である．1946年に開発された核磁気共鳴（NMR）は，1950年代の後半から化学の分野でさかんに使われるようになり，1960年代には広い化学の分野で不可欠の研究手段となった．エルンストによるフーリエ変換パルスNMR法の導入で感度は飛躍的に増大し，天然に微量にしか存在しない核種まで容易に測定できるようになり，生体高分子，固体への応用

も含めて NMR による研究は飛躍的に発展した．NMR は，最近では非破壊で物体の内部を観測する磁気共鳴イメージング（MRI）法として発展し，医学分野で大活躍している．不対電子を有する系を対象とする電子スピン共鳴（ESR）も，フリーラジカルや遷移金属錯体の研究に大きな威力を発揮した．

③ 分子分光学：　分子分光学は，分子の構造や性質についての詳細な情報を与えるのに大きな貢献をしてきたが，戦後は特にフリーラジカルのような不安定分子や短寿命の励起分子の研究が発展した．さらにレーザーの出現は，観測法の工夫，エレクトロニクスとコンピュータの進歩による信号検出とデータ処理技術の進歩と相まって，分光学に革命的な飛躍を与えた．その結果，感度，周波数および時間分解能において驚異的な進歩がみられた．高感度，高分解の分光学は新物質（たとえば C_{60} のようなフラーレン類）や，星間分子の発見にもおおいに活躍している．

④ 化学反応論：　観測手段の進歩に伴って格段の進歩があったのは，化学反応の研究においてである．反応の微細機構の解明が進み，短寿命の反応中間体の観測が進んだ．戦前までの反応の研究においては，短寿命種の研究は ms（ミリ秒）程度が限度であったが，1950 年以降に高速反応の研究が発展する．まず，アイゲンによる化学緩和法，ノリッシュ，ポーターよるフラッシュフォトリシス法により，μs（マイクロ秒）領域の短寿命種の観測が可能になった．レーザーパルスによる励起を用いることにより，短寿命種の検出限界は，ns（ナノ秒：10^{-9} s），ps（ピコ秒：10^{-12} s）と進み，現在は fs（フェムト秒：10^{-15} s）に達している．分子線を用いる研究によって，分子レベルでの反応の微視的研究が大きく進歩し，特定の量子状態にある分子が衝突によって反応する際の詳細が理解されるようになった．超高速レーザー分光と分子線技術の最近の進歩は，反応が起こる瞬間，すなわち遷移状態にある分子を実際に観測しようという化学者の夢を実現させつつある．

アイゲン(67)，ノリッシュ(67)，ポーター(67)，ハッセル(69)，ヘルツベルグ(71)，リプスコム(76)，タウベ(83)，ハウプトマン(85)，カール(85)，ハーシュバック(86)，ポラニー(86)，リー(86)，エルンスト(91)，クルッツェン(95)，ローランド(95)，モリナー(95)，スモーリー(96)，クロト(96)，カール(96)，ズウェイル(99)

(2) 理論化学の発展

①量子化学計算：　量子力学の誕生で，化学現象の本質を理解するための基本的な枠組みが得られた．分子軌道計算の有効性が次第に認識されたが，多電子系の分子の波動方程式は厳密には解けないので，近似的な解に頼らざるをえない．そこでは，化学的なセンスを生かして，現象の本質をとらえる近似的なモデルが重要になる．これは，コンピュータの性能が低かった時代には特に重要であった．福井はフロンティア電子の概念を用い，分子軌道法で多くの有機化学反応が説明されることを示した．ウッドワードとホフマンは軌道の対称性の概念を用いて，ウッドワード-ホフマン則と呼ばれる法則を開環，環化反応について提出し，大きな反響を呼んだ．

初期の分子軌道法による計算では，経験的なパラメータが用いられたが，計算機の性能が向上するにつれて，経験的なパラメータを用いない *ab initio* の分子軌道計算が行われるようになった．現在では，小さな分子では種々の測定値を計算でほとんど再現できるようになり，相当大きな分子でも信頼できる計算結果が得られている．今や，量子化学計算は，実験家が実験結果を解析するためにも欠くことのできないものになっている．分子軌道計算法の発展と普及に寄与したポプルと密度汎関数法と呼ばれる方法を開発したコーンに，1998年度のノーベル賞が授与された．

②熱・統計力学の応用：　統計力学は，複雑な化学現象をミクロな視点から理解するための武器である．統計力学に基づいて，溶液や高分子の物理化学が発展した．平衡系の熱力学が完成された後，残された課題は非平衡過程の熱・統計力学であった．振動反応などの興味ある化学現象を含めて，非平衡過程，散逸過程の問題はプリゴジンによって開拓され，現在さかんに研究されている．溶液や生体高分子の構造やダイナミックスの研究において，威力を発揮し始めたのは分子動力学（MD）シミュレーションの方法で，実験結果の解析や，実験では得難いミクロな情報を得るのにさかんに利用されている．コンピュータの性能の向上とともに，用いられるモデルの近似の程度も高まり，信頼できる情報が得られるようになっている．

③化学反応の理論：　量子化学と統計力学の手法の進歩と，高速コンピュータの発達で，大きな進歩をみせているのは，化学反応の理論である．簡単な分子の反応については，分子線やレーザー分光を用いて得られる詳しい情報を計算で

再現できるようになり，電子移動反応のような複雑な溶液内の反応についても，分子レベルでの反応理論が進んでいる．

フローリー(74)，プリゴジン(77)，福井(81)，ホフマン(81)，マーカス(92)，ポプル(98)，コーン(98)

(3)　有機合成化学の発展

(1)に記述したような観測手段は，有機化学の研究にただちに取り入れられ，分子の構造と性質について詳しい知識が得られ，構造と性質の間の関係についての理解が進んだ．さらに，分子軌道法や分子力学などの計算が容易にできるようになって，分子の構造や電子状態などに関する情報が計算でも得られるようになり，物理有機化学の分野が大きく発展した．これらの知識は新しい合成法の開発にも貢献している．

20 世紀前半を通じて着実に発展してきた複雑な有機化合物の合成は，20 世紀後半にはいっそう発展し，複雑な天然有機化合物が競って合成された．ウッドワードのグループによるビタミン B_{12} の全合成（1970 年）はそのハイライトであろう．天然有機化合物の合成化学は，その後も進歩を続けている．現在では，有機化学者はほとんどどのような化合物でも合成できるといっても過言ではあるまい．有機化学者は合成のための新しい技術をたえず開発し，利用できる機器を最大限に使って進歩を続けている．まさに，必要な物質を自由につくれる化学が到来したといえよう．

福井　謙一

ウッドワード

最近大きく発展した有機化学分野の一つとして，有機金属化学があげられる．この分野は，有機化学と無機化学（錯体化学）の融合する分野である．多数の新しい有機金属化合物が合成され，その性質が詳しく調べられた．その中には，メタロセンのように新しいタイプの結合を有する分子もある．有機金属化合物の多くは，触媒として合成技術の発展にも大きく寄与している．エチレンやプロピレンの重合反応の触媒として有名なチーグラー-ナッタ触媒はその代表的なもので，石油化学産業で大きな役割を果たしている．

最近の有機化学の一つの新しい傾向として，超分子，分子の集合体の化学をあげることができよう．単一の有機分子の化学がここまで進んだ今日，多くの人の興味はより複雑な系の理解へと向かっている．酵素機能などの複雑な現象の理解，分子集合体における興味ある機能，性質の発現を目指して，分子設計して合成する化学が進んでいる．たとえば，人工酵素，人工光合成系，超伝導性分子結晶，分子磁性などの研究が盛んである．このような方向の化学に先鞭をつけたものとして，クラム，レーン，ペダーセンによるクラウンエーテルなど，高選択性の構造特異的相互作用を有する分子の研究をあげることができよう．

ウッドワード(65)，バートン(69)，ウィルキンソン(73)，E. O. フィッシャー(73)，プレローグ(75)，ブラウン(79)，ヴィティヒ(79)，クラム(87)，ペダーセン(87)，レーン(87)，コーリー(90)，オラー(94)

(4)　生命現象の化学の展開

生命現象にかかわる化学の研究は，化学，生物学，医学，薬学，農学の広い領域で研究が行われている．その目覚ましい発展をこの小文で紹介することは不可能である．ここでは，ノーベル化学賞の対象となった仕事のいくつかを記すに留める．

分子構造の解明に最も威力を発揮してきたX線回折の手法は，早くも1930年代にはタンパク質のような巨大分子の構造解析にも試みられるようになった．技術的な困難さと分子の複雑さのために，研究は遅々として進まなかったが，それでも1960年頃までには，ケンドリューによってミオグロビン，ペルーツによってヘモグロビンの構造解析が進み，1962年に彼らにノーベル賞が授与された．この頃までにはDNAの構造解析も終わり，これらの成果はワトソン-クリックのDNAの二重らせんモデルとともに分子生物学の誕生を告げるものであった．

X 線構造解析による生体高分子の研究は，生命科学の基礎としてその後大きく発展し，生体高分子の構造と機能の解明を目指す構造生物学の柱になり，多くのノーベル賞受賞者を出している.

分子生物学の誕生後，DNA，RNA に関する研究は飛躍的に進展したが，それを支えたのは化学的な研究である．核酸の塩基配列を決定し，遺伝子工学の基礎をつくったバーグ，ギルバート，サンガーをはじめとして，RNA 分解酵素や RNA 自身の酵素作用の研究，DNA 化学における方法の開発などがノーベル賞の対象となっている.

そのほかにノーベル化学賞の対象となった生物化学の分野の研究としては，植物の光合成過程，炭水化物生合成，酵素触媒反応，生体におけるエネルギー変換機構の解明などがある.

カルビン(61)，ペルーツ(62)，ケンドリュー(62)，ホジキン(64)，ルロワール(70)，アンフィンゼン(72)，ムーア(72)，スタイン(72)，コーンフォース(75)，ミッチェル(78)，バーグ(80)，ギルバート(80)，サンガー(80)，クルーク(82)，メリーフィールド(84)，ダイセンホーファー(88)，ヒューバー(88)，ミッチェル(88)，アルトマン(89)，チェック(89)，マリス(93)，スミス(93)，ボイヤー(97)，ウォーカー(97)，スコウ(97)

(5)　ポーリングの予測とノーベル化学賞の傾向

まず，このような 20 世紀後半の化学の発展を，前節で紹介したポーリングの予測と比べてみよう．全般的にみれば，ポーリングの予測はかなりよく当たっており，さすがと思わせる．まず，生命現象の化学の発展に関する予測⑥と⑦は，予測どおり，あるいはそれ以上に発展したといえよう．ポーリングにとっては，DNA の構造解明は 1950 年にはすでに時間の問題で，その後の生命科学の発展が予測できたのであろう．化学反応や合成に関する予測①～③は，相当よく当たったといえるであろうが，触媒についての予測は，楽観的にすぎたと思われる．現在でもわれわれは注文に応じた触媒を用いて，反応を自由に制御できる段階に至ってはいない．まだコンピュータが化学の研究に使われる以前に，化学の理論の威力とその成果をこれほど楽観的に予測したことに驚く．反応を意のままに制御する方法をまだわれわれは手にしていないが，レーザーの出現は，②を部分的に実現したといえようか．④と⑤の無機化合物，金属，合金の化学に対する予測は，あまり当たっていないが，複雑な化学現象の取り扱いに対して楽観的にすぎたと思われる.

100年にわたるノーベル化学賞を振り返ってみると，いろいろな傾向がみて取れる．最初の50年間は，分野に関しては，物理化学，有機化学，無機・分析化学の三つの分野にほぼ均等に化学賞が授与されている．放射能に関する研究に受賞が多いが，それは放射能が，この時代にいかに重要であったかを物語っている．生物化学分野の化学賞は比較的少なく，生物化学の重要な業績の多くは，むしろ医学・生理学賞の対象となっている．これに対して，後半の50年では，まず，生物化学分野の受賞の増加が目立つ．これは，20世紀後半の生命科学の発展を如実に反映していると思われる．理論化学を含めた物理化学分野も多く，観測手段とコンピュータの飛躍的進歩に伴う物理化学の発展が化学に与えたインパクトの大きさを示している．有機化学も相当数受賞しているが，無機化学分野は比較的少ない．また，二つ以上の分野にまたがるもの，旧来の分野では分類の困難な学際的研究も最近は増えている．

最初の50年はドイツ，イギリスを中心にヨーロッパの化学者の受賞が多いが，後半は圧倒的にアメリカの化学者の受賞が多い．第二次大戦後のアメリカ科学の強さの反映である．日本は1981年の福井と2000年の白川の2人で淋しい．日本からのノーベル賞受賞者が少ない理由はいろいろあって，ここで詳しく論じる余裕はないが，科学は基本的には西欧精神文化の産物で，日本にとっては輸入物にすぎず，まだ日本の社会には本当に根づいてはいないことが一つの大きな原因と筆者は考える．すぐに役に立つことばかりに価値が置かれ，知的，文化的活動としての科学が重んじられなければ，大きなインパクトを与えるような基礎化学の業績はあまり多く出ないであろう．

13.3 化学の現在とこれから

(1) 『ピメンテルレポート』

これまで述べてきたように，20世紀に化学は驚異的な発展を遂げてきた．その結果，化学と化学産業にかかわる化学者，技術者の数も膨大になった．化学の研究も経費のかかるものになり，国家の十分な財政的支援がなければ化学の発展はありえない．化学者は一般市民（納税者）に対して化学の価値と重要性を訴え，その支持を得ることが必要になる．化学の現状と将来の展望を一般市民に対してもアピールするように述べたものに『ピメンテルレポート』と呼ばれるもの（原題は『化学における機会』）がある．これは，1985年に全米の多数の化学者の支援のもと，カリフォルニア大学教授ピメンテルがまとめ，アメリカの国立研究協議会から出されたものである．このレポートはその後一般市民向けに書き直され，『市民の化学—今日そしてその未来—』（小尾ほか訳，1990）の題名でわが国でも出版されている．すでに15年近くを経て，修正すべき点もあるが，大筋は現在でも通用する．化学の現状と将来への展望，その社会的役割を語った書として，たいへん示唆に富む．ここにその要約を紹介し，これを基礎にして，化学の現在とこれからについて考えてみよう．

『ピメンテルレポート』は，化学の研究の知的最前線と化学の社会的役割の両面を考察している．前者に関しては，現在と近い将来の展望として次のように述べている．

① 化学反応論：　レーザーは実験面での限界を劇的に広げた．化学者は今日どんな過渡種の寿命にも匹敵する短い時間スケールで，化学反応を調べることができる．反応物へのエネルギーを制御し，生成物へのエネルギーの分配を区別して，素反応を分離して研究できる．分子内・分子間のエネルギーの流れは実験的にも理論的にも追跡できる．このような研究により化学変化を支配する諸因子が明らかにされるであろう．

② 化学の理論：　任意の性質をもった分子を設計するために，実験と理論を組み合わせることができるようになり，化学はルネッサンスを迎えた．コンピュータの進歩により，実験では得られない過渡的な状態の計算が容易になった．反応衝突の動力学，溶液内電子移動反応，液体の統計力学的記述など，多くの面で

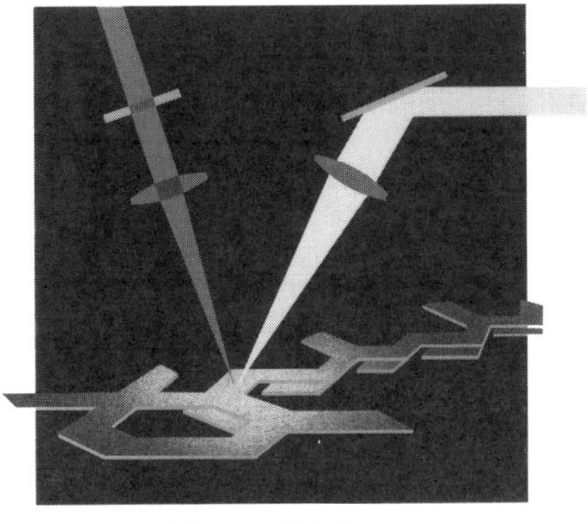

『市民の化学』表紙カット

理論的な理解が進んでいる．

③ 触媒：　強力な実験手段の出現で，触媒は真の科学になりつつある．今日では，分子が触媒表面で反応する様子を観察することができる．特別な立体特性や反応性をもつ有機金属化合物，酵素作用をまねた立体配位をもつ有機分子を合成できる．表面，溶液，電気化学，光化学，酵素作用における触媒のすべてを含む首尾一貫した理解が得られつつある．触媒の多様な側面の基礎的な理解の進歩は，大きな技術的インパクトをもたらすであろう．

④ 材料：　新しい実験技術と方法論により，新しい材料を設計し見出す系統的な化学戦略が可能になった．将来は，構造材，規則的配向性をもつ液体，自己組織性の固体，有機およびイオン伝導体，耐熱材において全く新しいものが得られるであろう．材料科学，分子素子，電子デバイスの研究の最前線で，化学者は中心的な役割を果たすであろう．

⑤ 合成：　機器の進歩により，新しい反応経路や合成法を発見し，試みることが容易になった．一連の新しい無機化合物の創成から，ますます複雑な構造の有機化合物の合成に至る合成化学の急速な進歩は，有機化学と無機化学の境界を消滅させつつある．有機金属化合物における反応性の制御は，洞察に富んだ分子付加体の選択で達成される．金属原子のクラスターを中心にもつ分子は，バルクの金属の化学と有機金属化合物の化学を結び付ける．複雑な生体関連分子が同定され合成される．これは生物活性を意のままに制御する道を開くものである．

⑥ 生命過程：　最近の生物学における驚くべき進歩は，分子間相互作用に基づいて解析する必要のある重要な問題を明らかにした．化学は複雑な分子を取り扱うことができる能力ゆえに，生命過程の分子起源を明らかにする上で重要な役割を果たすであろう．天然物に似た分子，化学療法用の分子，新しい機能をもつように修正されたタンパク質，遺伝子操作用の分子などの意図的な合成により，生体機能の作業仮説は検証され，生命過程の基本的なはたらきの真の理解に近づくであろう．

⑦ 分析手段：　化学とその隣接分野は，化学種の検出，同定，定量における進歩の恩恵を受けている．その鍵となるのはコンピュータの導入である．各種のクロマトグラフィーに基づく分析的な分離法は，天然有機化合物の同定と合成における急速な進歩における最重要な要素である．新しいイオン化法は，質量分析を生体高分子や他の不揮発性の固体に広げた．表面分析や電気化学法は，触媒の

重要な側面を明らかにするのに役立っている．分光法やレーザー技術は環境のモニターや保持に貢献している．

ここにあげられているテーマの多くは，現在でも先端のテーマである．多彩で知的刺激に満ちたテーマが化学の最前線で研究されている現状を理解できよう．ここに含まれていないものとしては，環境，地球，宇宙にかかわるテーマ，たとえば，大気化学，海洋化学，星間分子，内分泌撹乱物質（いわゆる環境ホルモン）などの研究をあげておこう．現代の化学の特徴の一つに，基礎研究と応用が密接な関係にあることがあげられる．化学が進歩することによって社会が受ける恩恵としては，次のものがある．

① 新しい化学プロセス： 化学産業においては，現存のプロセスの改良と新しいプロセスの導入が必要である．触媒と合成法の進歩がその鍵になる．

② より多くのエネルギー： われわれが使用するエネルギーの92%は化学エネルギーで，これは21世紀にも変わらず，化学に基礎を置く新しいエネルギー源の発掘が必要である．環境を保護しながら，合理的なコストでエネルギーの供給をはかることが重要になる．

③ 新しい材料： 衣料，住宅，運輸を含めて，われわれの使う材料に大きな変化があろう．材料における進歩は，新しい材料を用途に応じてつくり，古い材料や貴重な材料と置き換える能力に依存するので，化学はこの分野で中心的役割を果たすであろう．

④ より多くの食料： 世界の食料供給を増すには，食料の生産および保存における改良，土壌の保持，光合成の利用が欠かせない．隣接する諸分野と協力して，生物のライフサイクルの過程を詳しく解明しようとするとき，化学は中心的な役割を演じる．これが解明されれば，生物はうまく育てられ，望ましくない副作用は避けられる．

⑤ よりよい健康： あらゆる生命の過程（誕生，成長，生殖，老化，突然変異，死）はすべて化学変化の現れである．化学は今や，このような複雑な生命過程を分子レベルで明らかにできる段階にある．したがって，合理的な薬品のデザインと，健康を増進し，苦痛を取り除く新しい物質の合成を通して，生理学と医学に重要な貢献をする．

⑥ バイオテクノロジー： 分子生物学者や生化学者によって最近得られた遺伝子工学の驚くべき進歩は，生体系における分子と，タンパク質やDNAのよう

な超分子との間の構造と機能の相関を決める化学の原理に基づいている．新しいバイオテクノロジーの可能性の実現は，分子レベルでの理解にますます依存するであろう．

⑦よりよい環境： 増加する世界人口，都市化，生活水準の向上に直面して，環境の保護は現代の大きな課題である．われわれのまわりの環境を守る有効な戦略を立てるには，どこに問題があり，それがなにに起因し，われわれになにができるかを知らねばならない．このような問題に対する答えの中心に化学がある．

(2) 将来への展望

最後に，化学のこれからについての私見を少し述べて，本章を終わりたい．『ピメンテルレポート』以後の15年間，化学はおおむねこの報告が予測した方向に進んできた．まだまだ予測されたことの多くは実現されておらず，今後も当分の間は，これらの課題を追求することで多くの発展があると考えられる．しかし，忘れてならないのは，予期されなかった発見が与える大きなインパクトである．1985年のC_{60}などフラーレン類の発見は，炭素のようなありふれた元素にすら，このような興味ある未知の物質があったことを示した．また，近年の高温超伝導物質の発見は，物性物理および固体化学の両分野に衝撃を与え，その後，幾多の研究者がこの分野に参入した．このような予想外の発見が今後も続いて，化学がいつまでも知的刺激に満ちたエキサイティングな分野であることを期待したい．

もう一つ注目したいことは，化学の興味ある分野が，伝統的な化学の分野よりさらに広がって，ますます学際的な傾向を示していることである．上にあげた高温超伝導物質や，2000年のノーベル賞の対象となった導電性高分子の研究に代表される物理と化学の境界領域はもちろんのこと，最近の多くの生物化学関連のノーベル化学賞に代表される生体系の研究は如実にそれを示している．また，一つの分子について詳細な知識が得られた今日，今後は生体系も含めて，複雑な系の研究が化学の中でいっそう重要な位置を占めると考えられる．さらに，フロンによるオゾン層破壊の研究にみられるような大気化学，地球化学，海洋化学などの研究は，ミクロへと突き進んできた従来の化学とは違った化学の領域の存在を示していると思われる．今後はミクロの知識を基礎として，さらに他分野とも関連する総合的な学問分野が開かれるのではなかろうか．伝統的な化学の分野に固執せず，新しい分野を取り込んで，ますます知的刺激に富んだ領域を拡大していくことが，化学が魅力ある分野であり続けるために重要であると思う．

ピメンテルは，化学の発展によって人類の受ける恩恵について語っているが，15年経って，人類が直面する問題はますます深刻になっている．人類が大惨事を避けるために，化学の知識を十分に利用することが必要である．CO_2の増加による地球温暖化の問題，増大する人口による環境の悪化と予想される資源の枯渇や食料の危機，内分泌攪乱物質など化学物質による汚染の問題，クリーンなエネルギーをいかにして得るかの問題など，われわれがこれから直面するであろう問題は山積している．これら人類の存亡がかかわる地球規模の問題の解決には，なによりも化学の適切な利用が重要に思われる．次代を背負う若い諸君が，夢と誇りと情熱をもって化学の研究に参入されんことを期待する．

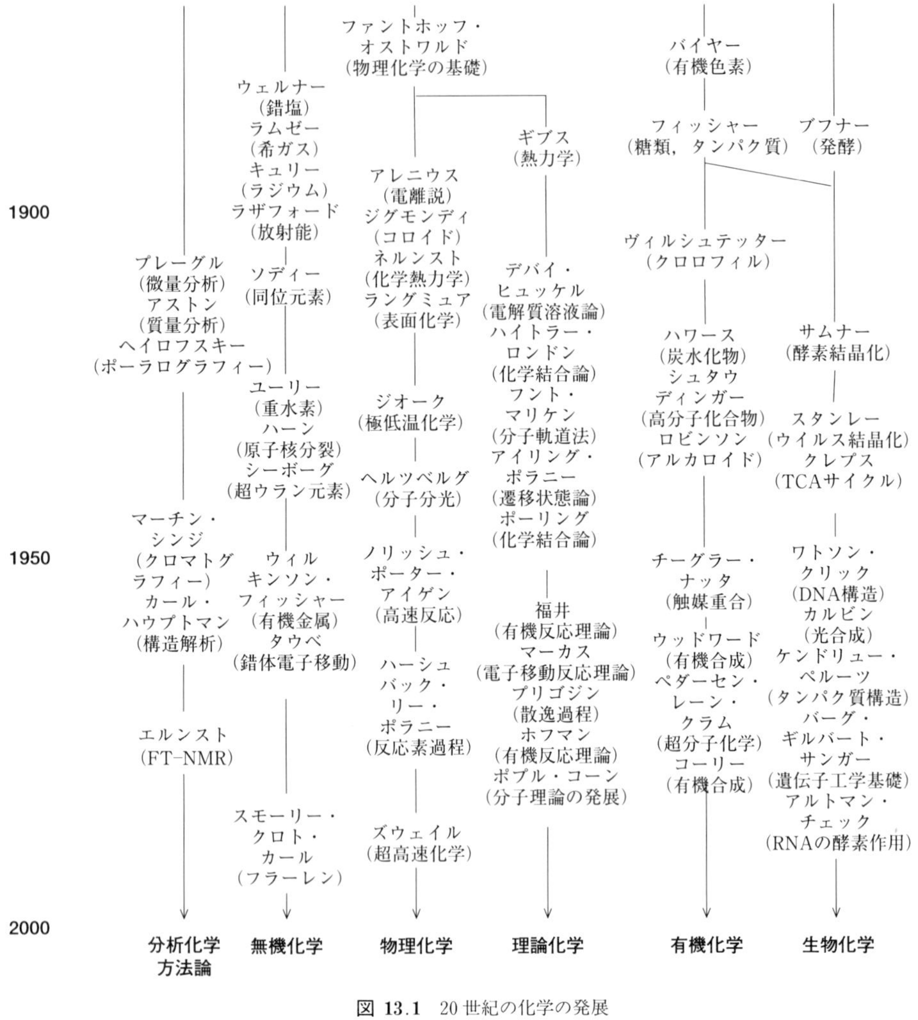

13. 20世紀の化学とこれから

```
1900 ┬ウェルナー      ファントホッフ・         バイヤー
     │(錯塩)        オストワルド          (有機色素)
     │ラムゼー      (物理化学の基礎)
     │(希ガス)
     │キュリー              ギブス    フィッシャー  ブフナー
     │(ラジウム)   アレニウス  (熱力学)   (糖類,タンパク質) (発酵)
     │ラザフォード  (電離説)
     │(放射能)     ジグモンディ
     │            (コロイド)
     │プレーグル   ネルンスト            ヴィルシュテッター
     │(微量分析)   (化学熱力学)          (クロロフィル)
     │アストン     ラングミュア
     │(質量分析)   (表面化学)  デバイ・
     │ヘイロフスキー ソディー   ヒュッケル  ハワース    サムナー
     │(ポーラログラフィー)(同位元素) (電解質溶液論) (炭水化物)  (酵素結晶化)
     │            ユーリー    ハイトラー・ シュタウ
     │            (重水素)   ロンドン    ディンガー
     │            ハーン     (化学結合論) (高分子化合物) スタンレー
     │            (原子核分裂) フント・    ロビンソン   (ウイルス結晶化)
     │            シーボーグ  マリケン    (アルカロイド) クレブス
     │            (超ウラン元素)(分子軌道法)           (TCAサイクル)
     │            ジオーク    アイリング・
     │            (極低温化学) ポラニー
     │            ヘルツベルグ (遷移状態論)
     │            (分子分光)  ポーリング
1950 ┤マーチン・               (化学結合論)
     │シンジ     ウィル      ノリッシュ・          チーグラー・ ワトソン
     │(クロマトグラフィー)キンソン ポーター・           ナッタ    クリック
     │カール・    (有機金属)  アイゲン   福井        (触媒重合) (DNA構造)
     │フィッシャー タウベ    (高速反応) (有機反応理論)           カルビン
     │ハウプトマン (錯体電子移動)         マーカス    ウッドワード (光合成)
     │(構造解析)            ハーシュ   (電子移動反応論)(有機合成) ケンドリュー・
     │                     バック・   プリゴジン   ペダーセン・ ペルーツ
     │エルンスト            リー・    (散逸過程)   レーン・   (タンパク質構造)
     │(FT-NMR)             ポラニー   ホフマン    クラム     バーグ・
     │                     (反応素過程) (有機反応理論) (超分子化学) ギルバート・
     │          スモーリー・           ポプル・コーン コーリー   サンガー
     │          クロト・              (分子理論の発展)(有機合成) (遺伝子工学基礎)
     │          カール     ズウェイル                         アルトマン・
     │          (フラーレン)(超高速化学)                       チェック
     │                                                      (RNAの酵素作用)
2000 ▼            ▼          ▼          ▼          ▼         ▼
    分析化学    無機化学    物理化学    理論化学    有機化学    生物化学
    方法論
```

図 13.1 20世紀の化学の発展

表 13.1 ノーベル化学賞受賞者（1901～2000年）（太字の人物は本文中に写真あり）

受賞年	受賞者	国籍	業績
1901	**J. H. ファントホッフ**	蘭	化学熱力学と溶液の浸透圧の法則の発見
1902	**E. フィッシャー**	独	糖類およびプリン族化合物の研究
1903	S. アレニウス	スウェーデン	電解質の理論的研究
1904	W. ラムゼー	英	希ガス元素の発見
1905	A. フォン・バイヤー	独	有機色素・ヒドロ芳香化合物の研究
1906	H. モアッサン	仏	フッ素化合物・クロム化合物・炭化物・電気炉の研究
1907	E. ブフナー	独	発酵の化学的研究
1908	**E. ラザフォード**	英	放射能に関する貢献
1909	W. オストワルド	独	希釈律の発見，反応速度・化学平衡の研究
1910	O. ヴァラッハ	独	テルペンおよび樟脳の研究
1911	**M. キュリー**	仏	ラジウム，ポロニウムの発見とラジウム化合物の研究
1912	V. グリニャール	仏	グリニャール反応の発見
	P. サバティエ	仏	有機接触反応に関する貢献
1913	A. ウェルナー	スイス	金属錯化合物原子価に関する理論
1914	T. W. リチャード	米	原子量の精密測定
1915	R. ヴィルシュテッター	独	クロロフィルの研究
1916	受賞者なし		
1917	受賞者なし		
1918	F. ハーバー	独	アンモニアの合成
1919	受賞者なし		
1920	W. ネルンスト	独	化学に対する熱力学理論とその応用
1921	F. ソディー	英	放射性物質の化学と同位元素の研究
1922	F. W. アストン	英	質量分析器の発明と同位元素の測定
1923	F. プレーグル	墺	微量分析法の研究
1924	受賞者なし		
1925	R. A. ジグモンディ	独	コロイド溶液の不均質性の研究
1926	T. スヴェードベリ	スウェーデン	超遠心機によるコロイドの研究
1927	H. O. ヴィーラント	独	胆汁酸の研究
1928	A. ヴィンダウス	独	ステリン類の研究
1929	A. ハーデン，	英	アルコール発酵の研究
	H. フォン・オイラー・ケルピン	スウェーデン	
1930	H. フィッシャー	独	血液色素の研究，ヘミンの合成
1931	C. ボッシュ，	独	アンモニア合成の触媒の研究と石炭の液化
	F. ベルギウス	独	
1932	I. ラングミュア	米	界面化学の研究
1933	受賞者なし		
1934	H. ユーリー	米	重水素の発見
1935	J. キュリー，I. キュリー	仏	人工放射能の研究
1936	P. J. デバイ	蘭	気体分子によるX線および電子線の回折の研究
1937	W. N. ハワース	英	炭水化物，ビタミンCの研究
	P. カラー	スイス	カロチノイド，フラビン，ビタミンA，Bの研究
1938	R. クーン	独	ビタミン B_2 の合成
1939	A. ブテナント	独	性ホルモンの研究
	L. ルヂカ	スイス	ポリメチレン，テルペンの研究
1940～42	受賞者なし		

1943	G. ヘヴェシー	ハンガリー	放射性同位元素の利用に関する貢献
1944	O. ハーン	独	原子核分裂の発見
1945	A. ヴィルタネン	フィンランド	農芸化学の研究
1946	J. B. サムナー	米	酵素の結晶化
	J. H. ノースロップ,	米	酵素とウイルスタンパク質の純粋な調製
	W. M. スタンレー		
1947	R. ロビンソン	英	アルカロイドの研究
1948	A. W. K. ティゼリウス	スウェーデン	電気泳動と吸着分析の研究
1949	W. F. ジオーク	米	0 K 近くの極低温での原子の運動の研究
1950	O. ディールス,	独	ジエン合成の研究
	K. アルダー	独	
1951	G. T. シーボーグ,	米	ネプチニウム，プルトニウムの発見
	E. M. マクミラン	米	
1952	A. J. P. マーチン,	英	クロマトグラフィーによるアミノ酸分析法の発見
	R. L. M. シンジ	英	
1953	H. シュタウディンガー	独	高分子化学の研究
1954	**L. C. ポーリング**	米	化学結合の本性，特に複雑な分子の構造の研究
1955	V. ド・ヴィニョー	米	ホルモン合成の過程に関する諸発見
1956	C. N. ヒンシェルウッド,	英	化学反応速度論，特に連鎖反応の研究
	N. セミョーノフ	旧ソ連	
1957	A. R. トッド	英	ヌクレオチドの有機化学的研究
1958	F. サンガー	英	インシュリンの構造決定
1959	J. ヘイロフスキー	チェコ	ポーラログラフィー分析法の発明
1960	W. F. リビー	米	年代決定のため炭素 14 を使用する方法の開発
1961	M. カルビン	米	植物の光合成の研究
1962	**M. F. ペルーツ,**	英	X 線回折による球状タンパク質の立体構造の解明
	J. C. ケンドリュー	英	
1963	K. チーグラー,	独	触媒を用いた方法で不飽和炭素化合物から重合体をつ
	G. ナッタ	伊	くる研究
1964	D. C. ホジキン	英	X 線による生化学物質の構造決定
1965	**R. B. ウッドワード**	米	有機合成への貢献
1966	R. S. マリケン	米	分子軌道法による化学結合と分子の電子構造に関する基礎研究
1967	R. G. W. ノリッシュ,	英	急激な温度変化による高速化学反応の研究
	G. ポーター,	英	
	M. アイゲン	独	
1968	L. オンサガー	米	熱力学のオンサガーの相反定理の発見
1969	O. ハッセル,	ノルウェー	化学構造のコンフォーメーションに関する研究
	D. バートン	英	
1970	L. F. ルロワール	アルゼンチン	炭水化物生合成における糖ヌクレオチドの発見と研究
1971	G. ヘルツベルク	カナダ	分子特に遊離基の電子構造と幾何学的構造
1972	C. B. アンフィンゼン,	米	RNA 分解酵素の研究
	S. ムーア,	米	
	W. H. スタイン	米	
1973	E. O. フィッシャー,	独	有機金属化合物の理論的研究
	G. ウィルキンソン	英	
1974	P. J. フローリー	米	高分子物理化学の理論と実験面での貢献
1975	J. W. コーンフォース	豪	酵素触媒反応の立体化学
	V. プレローグ	スイス	有機分子の反応の立体化学

1976	W. N. リプスコム	米	ボランの構造の研究
1977	I. プリゴジン	ベルギー	非平衡の熱力学，特に散逸過程
1978	P. ミッチェル	英	生体膜におけるエネルギー変換
1979	H. C. ブラウン，	米	有機化学反応の多彩な発展に対する寄与
	G. ヴィティヒ	英	
1980	P. バーグ	米	遺伝子工学の基礎となる核酸の生化学的研究
	W. ギルバート，	米	核酸の塩基配列の研究
	F. サンガー	英	
1981	**福井謙一，**	日	化学反応過程の理論的研究
	R. ホフマン	米	
1982	A. クルーク	英	生体内巨大分子の微細構造の研究
1983	H. タウベ	米	金属錯体の電子移動反応機構の研究
1984	R. B. メリーフィールド	米	固相反応による化学合成法の開発
1985	H. A. ハウプトマン，	米	結晶構造の直接決定法の開発
	J. カール	米	
1986	D. R. ハーシュバック，	米	化学反応素過程のダイナミックスの解明
	Y. T. リー，	米	
	J. C. ポラニー	カナダ	
1987	D. J. クラム，	米	高選択性の構造特異的相互作用を有する分子の開発と利用
	J-M. レーン，	仏	
	C. J. ペダーセン	米	
1988	J. ダイセンホーファー，	独	光合成反応中心の三次元構造の決定
	R. ヒューバー，	独	
	H. ミッチェル	米	
1989	S. アルトマン，	米	RNA の酵素作用の発見
	T. チェック	米	
1990	E. J. コーリー	米	有機合成法の理論と方法論
1991	R. R. エルンスト	スイス	高分解 NMR 分光法の開発
1992	R. A. マーカス	米	電子移動反応の理論
1993	K. B. マリス，	米	DNA 化学における方法の開発
	M. スミス	米	
1994	G. オラー	米	カルボカチオンの化学
1995	P. クルッツェン，	独	大気化学，特にオゾンの生成と分解
	F. S. ローランド，	米	
	M. モリナー	米	
1996	R. E. スモーリー，	米	C_{60}・フラーレンの発見
	H. W. クロト，	英	
	R. F. カール	米	
1997	P. ボイヤー，	米	生体エネルギー変換機構の解明
	J. E. ウォーカー，	英	
	J. C. スコウ	デンマーク	
1998	J. A. ポプル，	米	分子の理論的研究に有効な方法の開発
	W. コーン	米	
1999	A・ズウェイル	米	フェムト秒分光法による化学反応の遷移状態の研究
2000	白川英樹，	日	導電性高分子の発見と開発
	A. S. マクダイアミド，	米	
	A. J. ヒーガー	米	

コーヒーブレイク ⑩

化学におけるセレンディピティ

「セレンディピティ (serendipity)」という言葉を聞いたことがあるだろうか．この言葉は『セレンディップの 3 人の王子たち』というおとぎ話にちなんでつくられた言葉で，この話の主人公たちが探してもいない珍宝を偶然にうまく発見したことから，科学では目的としていない大きな発見を偶然にする才能のことをいう．ノーベル化学賞の歴史を眺めてみると，このセレンディピティによると思われるものが相当多いことに気づく．まだわれわれの記憶に新しい 2000 年度ノーベル賞の白川博士による導電性ポリマーの発見もその例といえよう．白川博士の語るところによれば，最初のブレイクスルーになったポリアセチレン薄膜の生成は，実験を行っていた研究生が触媒の濃度を 1,000 倍間違えたことが発端であったという．また，最近のフラーレン化学発展の端緒となった C_{60} の発見は，クロトらが星間分子の研究の一環として長鎖炭素分子を実験室内でつくろうとして行った実験で得られたものである．このように，予期しないところにしばしば大発見の鍵が隠されていることがある．偶然の大発見には幸運が大きな役割をしていることは確かであるが，重要なのはそのような偶然の機会を見過ごさずに捕まえて研究を展開できる能力で，これがセレンディピティの本質であろう．パスツールがいったように，「幸運は準備された心の持ち主にのみ訪れる (Chance favors only the prepared mind.)」のである．

参考図書

2　章

米沢貞次郎，永田親義，加藤博史ほか：量子化学入門（3訂）上・下，化学同人（1983）

西本吉助：量子化学のすすめ，化学同人（1983）

P. W. Atkins and R. S. Friedman : Molecular Quantum Mechanics, Oxford (1997)

福井謙一：近代工業化学講座 量子化学，朝倉書店（1968）

3　章

〈光と分子〉

廣田榮治，遠藤泰樹：日本化学会編，新化学ライブラリー 分子―その形とふるまい，大日本図書（1990）

ドッド著・近藤幸夫訳：化学分光学，丸善（1966）

藤岡由夫編：分光学，講談社（1967）

〈天文学と分子〉

赤羽賢司，海部宣男，田原博人：宇宙電波天文学，共立出版（1988）

森本雅樹：NHK ブックス 星の一生，日本放送出版協会（1972）

祖父江義明：モダン・スペース・アストロノミー・シリーズ 電波でみる銀河と宇宙，共立出版（1988）

出口修至：地人選書 星間分子物語，地人書館（1985）

4　章

安藤喬志・宗宮　創：これならわかる NMR―その使い方とコンセプト―，化学同人（1997）

A. E. デロム著・竹内敬人，野坂篤子訳：化学者のための最新 NMR 概説―よりよいスペクトルを得るための実験法と考え方―，化学同人（1992）

A. ラーマン著・通　元夫，廣田　洋訳：最新 NMR―基礎理論から 2 次元 NMR ま

で—，シュプリンガー・フェアラーク東京（1988）

5 章

〈表面上での吸着現象や化学反応などについての基本的な考え方をまとめた入門書〉
G. Attard and C. Barnes : Oxford Chemistry Primers 59 Surface, Oxford University Press（1998）
〈無限系である表面の電子状態について，分子軌道的な考え方に基づいて数式を使わずに解説した良書〉
R. ホフマン著・小林 宏ほか訳：固体と表面の理論化学，丸善（1993）
〈科学に限らず表面が関係するさまざまな現象について概観〉
小間 篤ほか編著：表面科学シリーズ 1 表面科学入門，丸善（1994）

6 章

黒沢達美：物理学 One Point 4 電流と電気伝導，共立出版（1983）
大塚恭一郎：超伝導の世界，講談社（1987）
黒沢達美：基礎物理学選書 9 物性論—固体を中心とした—，裳華房（1970）
恒藤俊彦，小菅皓二，上田 寛，坂東尚周，斉藤軍治，岡田隆夫：超伝導体の化学と物理，三共出版（1990）
長岡洋介：パリティブックス 低温・超伝導・高温超伝導，丸善（1995）
パリティ編集委員会編：パリティ別冊シリーズ 6 高温超伝導，丸善（1989）
立木 昌，藤田敏三編：高温超伝導の科学，裳華房（1999）

7 章

斎藤軍治ほか：伝導性低次元物質の化学．化学総説，No. 42，学会出版センター（1983）
辻川郁二，津田惟雄，青木亮三，永野 弘：共立化学ライブラリー 3 超伝導の化学，共立出版（1973）
鹿児島誠一編：物性科学選書 低次元導体，裳華房（2000）
R. Foster : Organic Charge-Transfer Complexes, Academic Press（1969）
T. Ishiguro, K. Yamaji and G. Saito : Organic Supercondutors（2nd Ed.）, Springer-Verlag（1998）

8 章

R. T. Morrison and R. N. Boyd : Organic Chemistry（5th Ed.）, Allyn and Bacon（1987）
垣谷俊昭，三室 守編：光がもたらす生命と地球の共進化，中部経済新聞社（1999）

9 章

G. プロクター著・林 民生，小笠原正道訳：有機反応の立体選択性—その考え方と

手法—，化学同人（2001）
I. Ojima : Catalytic Asymmetric Synthesis II, Wiley-VCH（2000）
E. N. Jacobsen, A. Pfaltz and H. Yamamoto : Comprehensive Asymmetric Catalysis 1～3, Springer-Verlag（1999）

10 章

〈タンパク質の構造を理解する〉

C. Branden and J. Tooze : Introduction to Protein Structure（2nd Ed.）, Garland（1999）；勝部幸輝ほか監訳：タンパク質の構造入門（第 2 版），ニュートンプレス（2000）

〈タンパク質の X 線結晶構造解析の方法について〉

三木邦夫，田中　勲，樋口芳樹，中川敦史：タンパク質の X 線構造解析．日本化学会編，化学者のための基礎講座 12 X 線構造解析，朝倉書店，pp. 91-139（1999）

〈二つの DNA 結合タンパク質の結晶構造について〉

・光回復酵素

H.-W. Park, S.-T. Kim, A. Sancar and J. Deisenhofer : *Science*, **268** : 1866-1872（1995）
T. Tamada, K. Kitadokoro, Y. Higuchi, K. Inaka, A. Yasui, P. E. de Ruiter, A. P. M. Eker and K. Miki : *Nature Struct. Biol.*, **4** : 887-891（1997）

・複製開始タンパク質 RepE

H. Komori, F. Matsunaga, Y. Higuchi, M. Ishiai, C. Wada and K. Miki : *EMBO J.*, **18** : 4597-4607（1999）

11 章

小関治男，永田俊夫，松代愛三，由良　隆：分子生物学（生命科学のコンセプト），化学同人（1996）
ワトソン著・松橋道生ほか訳：組換え DNA の分子生物学，丸善（1993）
勝部幸輝ほか監訳：タンパク質の構造入門（第 2 版），ニュートンプレス（2000）
柳田充弘，西田栄介，野田　亨：分子生物学，東京化学同人（1999）
蛋白質研究奨励会編：タンパク質—生命を担うこの身近で不思議な物質—，東京化学同人（1983）

12 章

〈地球環境における化学の役割〉

J. アンドリュース著・渡辺　正訳：地球環境化学入門，シュプリンガー・フェアラーク東京（1997）

〈二酸化炭素問題を海洋化学の立場から紹介〉

野崎義行：地球温暖化と海，東京大学出版会（1994）

13 章

L. ポーリング著，J. R. オッペンハイマー編：科学50年史 化学，みすず書房 (1955)；The Age of Science 1900-1950. September Issue of *Scientific American* (1950)

L. K. James, Ed.: Novel Laureates in Chemistry 1901-1992, American Chemical Society/Chemical Heritage Foundation (1993)

井本　稔著，日本化学会編：日本の化学 100年のあゆみ，化学同人 (1987)

三浦賢一：朝日選書279 ノーベル賞の発想，朝日新聞社 (1985)

Committee to Survey Opportunities in the Chemical Sciences: Opportunities in Chemistry, National Academy Press (1985)

G. C. ピメンテル，J. A. クーンロッド著・小尾欣一ほか訳：市民の化学—今日そしてその未来—，東京化学同人 (1990)

索　　引

サ 行

タ 行

ナ　行

ハ　行

マ 行

ヤ 行

ラ 行

編者略歴

廣《ひろ》田《た》　襄《のぼる》

1936年　京都府に生まれる
1963年　ワシントン大学文理学部
　　　　大学院修了
現　在　京都大学名誉教授
　　　　ph. D

梶《かじ》本《もと》興《おき》亜《つぐ》

1942年　大阪府に生まれる
1965年　京都大学大学院工学研究科
　　　　合成化学専攻修了
現　在　京都大学大学院理学研究科
　　　　化学専攻教授
　　　　工学博士

現代化学への招待　　定価はカバーに表示

2001年9月20日　初版第1刷

編　者　廣　田　　襄
　　　　梶　本　興　亜
発行者　朝　倉　邦　造
発行所　株式会社　朝　倉　書　店
東京都新宿区新小川町6-29
郵便番号　162-8707
電　話　03(3260)0141
FAX　03(3260)0180
http://www.asakura.co.jp

〈検印省略〉

シナノ・渡辺製本

ISBN 4-254-14058-4　C3043　　Printed in Japan